环境规制与产业空间分布演化研究

关海玲　著

U0336252

知识产权出版社

全国百佳图书出版单位

——北京——

图书在版编目 (CIP) 数据

环境规制与产业空间分布演化研究/关海玲著. —北京：知识产权出版社，2022.12
ISBN 978-7-5130-8518-2

Ⅰ.①环… Ⅱ.①关… Ⅲ.①环境规划—关系—产业布局—研究—中国 Ⅳ.①X32②F124

中国版本图书馆 CIP 数据核字（2022）第 240317 号

内容简介

本书以习近平新时代中国特色社会主义经济思想和生态文明思想为指导，从理论逻辑演绎及实证检验分析出发，在"新"新经济地理学、演化经济地理学与新结构经济学融合的视角下，围绕环境规制与产业空间分布演化的内在机制，构建了演化博弈模型、中介效应模型和面板门槛模型，进一步厘清了环境规制、污染外部性与产业空间分布演化三者间的作用机理和作用传导途径，并提出了通过环境规制提升产业空间经济效率与绿色效率的对策。

本书可为经济管理部门的科学决策提供借鉴，为企业、高校等从事相关经济问题研究的同行提供参考，也可供对相关内容感兴趣的读者阅读。

责任编辑：张雪梅　　　　　　　　**责任印制**：孙婷婷
封面设计：曹　来

环境规制与产业空间分布演化研究

HUANJING GUIZHI YU CHANYE KONGJIAN FENBU YANHUA YANJIU

关海玲　著

出版发行：知识产权出版社 有限责任公司		**网　址**：http://www.ipph.cn	
电　话：010-82004826		http://www.laichushu.com	
社　址：北京市海淀区气象路 50 号院		**邮　编**：100081	
责编电话：010-82000860 转 8171		**责编邮箱**：laichushu@cnipr.com	
发行电话：010-82000860 转 8101		**发行传真**：010-82000893	
印　刷：北京中献拓方科技发展有限公司		**经　销**：新华书店、各大网上书店及相关专业书店	
开　本：720mm×1000mm　1/16		**印　张**：12	
版　次：2022 年 12 月第 1 版		**印　次**：2022 年 12 月第 1 次印刷	
字　数：210 千字		**定　价**：78.00 元	

ISBN 978-7-5130-8518-2

前　　言

改革开放以来，我国经济发展取得了举世瞩目的成就，但与此同时，生态环境问题日益凸显。当前，在供给侧结构性改革深化、产业结构迫切需要优化升级及国内国外双循环启动的大背景下，重污染产业的生存空间日益减小，环境问题引发的外部性问题呈现时空演化的特征，且全国各地区不同企业解决污染外部性问题的规制能力及对策存在一定的差异，空间演化的特征愈加明显，造成区域环境内整体竞争力的改变，进一步导致生产要素流动机制的差异，从而形成了产业空间分布演化。如何通过环境规制，在保证产业空间经济效率的同时兼顾产业空间的生态优化，成为实现绿色发展与产业空间优化亟待解决的关键问题。

本书以考虑企业异质性、更符合现实的"新"新经济地理学为基础，通过多学科交叉，将时空演化联系起来，探究污染外部性、环境规制时空异质性对产业空间分布演化的内在影响机制。这不仅可以拓展"新"新经济地理学、演化经济地理学及新结构经济学方面的研究，还能为环境规制提供全新的研究视角。在污染外部性与环境规制双重因素影响下，分析我国政府部门应该如何通过制定更加健全的政策解决产业发展中出现的问题，并从异质性环境规制的角度出发，研究重污染产业绿色转型面临的困境及未来发展的动力，在此基础上从不同利益主体的角度提出促进重污染产业绿色转型的有效策略，对我国重污染产业摆脱产业链末端地位、实现绿色高效发展具有重要的现实意义。本书研究的创新性主要体现在以下两个方面：

一是在理论研究方面，现有的环境规制问题主要集中于对新古典经济学和新增长理论框架的研究，忽略了空间因素。新经济地理学有关产业空间分布的研究未将环境规制纳入考察范围，更没有考虑污染外部性、环境规制时空异质性与产业空间分布演化的内在联系。本书将"新"新经济地理学、新结构经济学及区域经济学等多学科相结合，深入研究污染外部性、环境规制对产业空间演化的内在影响机制，这为相关研究提供了新的视角。

二是在实证与应用研究方面，本书根据理论逻辑演绎及实证检验，在"新"新经济地理学、演化经济地理学及新结构经济学融合的视角下，从时空维度剖析污染外部性、环境规制对产业空间分布演化的内在影响机制，并通过对我国相关数据的实证检验，为新常态下环境规制对产业空间经济效率与绿色绩效的作用提供经验证据，明晰兼顾产业空间经济效率与绿色发展的环境规制修正机制与新路径，设计出通过环境规制提升产业空间经济效率与绿色效率的战略对策和实施细则，对政府相关部门的决策有重要的借鉴意义。具体而言，采用时间与空间演化相结合的分析方法，通过构建动态多维的理论模型，既考虑了企业、区域的异质性，也考虑了污染外部性、环境规制的时空异质性，综合利用空间计量结构分析、地理空间统计分析、时间序列分析、面板数据模型等多种方法，客观地估计了空间相关性，从而对环境规制促进产业空间分布演化作出合理的解释。为降低模型偏误，避免内生性，综合应用时间序列分析、面板门槛模型、倍差法、地理空间统计等方法，控制正负外部性等因素，分析了环境规制与产业空间分布演化的定量关系。

在本书付梓之际，笔者要感谢太原科技大学经济与管理学院的领导在本书写作过程中对笔者的关怀与支持。感谢经济与管理学院院长乔彬教授，从本书基于的研究课题的申报到研究细节的把控，无不倾注了乔教授的心血与汗水。学院同事给予了笔者许多帮助，在此向他们表示由衷的感谢！感谢笔者的学生们，感谢武祯妮、董慧君、李燕玲、王玉协助完成本书结构的梳理、课题内容的撰写，感谢张华玮、赵宇婷协助进行文献检索、资料整理！

限于笔者的认知水平，本书中疏漏之处在所难免，希望读者提出宝贵意见。

目 录

第1章 绪 论

1.1 研究背景及研究意义

近年来，在我国经济快速增长的同时，环境问题也逐渐引起广泛关注。党的十九大提出，建设生态文明是中华民族永续发展的千年大计，是着力解决资源环境约束突出问题、实现中华民族永续发展的必然选择，因此环境规制与产业空间分布演化研究具有深刻的现实背景。

1.1.1 研究背景

改革开放以来，我国经济持续快速发展，经济总量在世界上的位次稳步提升，成为仅次于美国的世界第二大经济体。然而，在改革开放以来的短短几十年内，我国的环境问题便呈现结构型、压缩型和复合型的特点。

纵观我国经济社会的发展，虽然在经济建设方面取得了可喜的成就，但从总体上看，我国长期以来的粗放型经济发展模式对环境造成了一定程度的影响，生态环境问题引起了人们的广泛关注。2020年，全国地级及以上城市空气优良天数比率为87%，同比上升5个百分点，而重度及以上污染天数比率为1.2%，同比下降0.5个百分点。在绿色转型的实践中，环境规制不仅会影响自然生态环境，还会对经济社会的发展产生深远影响。当前，我国经济已由高速增长阶段转向高质量发展阶段，为实现经济社会发展全面绿色转型，就要统筹推进经济高质量发展和生态环境高水平保护。

党的十八大提出"努力建设美丽中国，实现中华民族永续发展"。十八届五中全会首次将建设"美丽中国"纳入"十三五"规划。党的十九大报告指出，要加快生态文明体制改革，建设美丽中国。十九届五中全会再次将建设"美丽中国"作为"十四五"规划和2035年远景目标的重要内容。2021年10月，中共中央、国务院印发了《关于完整准确全面贯彻新发展理念做好碳达峰碳中和工作的意见》，从目标、任务到政策作出部署，确保碳达峰、碳中和工作取得积极成效。可见，美丽中国建设目标是党中央着眼民族未来的长远大计，是着力解决资源环境约束突出问题、实现中华民族永续发展的必然选择，体现了我国生态环境保护政策的连续性与稳定性。国家号召社会各界积极探索"低能耗、低污染、低排放"的生态环境之路，着力建成节约资源与保护生态并行的国民生态体系。此外，党中央提出必须从保护资源和改善环境的角度出发，逐步实现我国经济发展方式的转变，提升经济发展的绿色度，促进生态文明建设深度转型发展，进而推动我国经济社会全面实现绿色转型。

环境规制是通过制定一系列规章制度使企业调整生产经营活动，从而减少经济活动中的环境污染，最终达到经济与环境协调发展。起初，政府采用行政手段直接干预企业利用环境资源，这类环境规制称为命令控制型环境规制。随着市场经济的发展和经济增长方式的转变，政府运用一系列政策工具，如征收排污费，引导相关企业减少污染排放，这类环境规制称为市场激励型环境规制。之后，随着公众环保意识的日益提升，一些民间组织也积极参与到环境保护中，并成为推动我国环境事业发展的重要力量之一，这类环境规制称为自愿意识型环境规制。这三种类型的环境规制实质上是对企业生产活动的一种约束，从而实现人与环境的和谐发展。

国外学者曾在20世纪90年代提出了"污染避难所"假说，该假说表明污染产业在多数情况下会选择在环境规制力度较弱的区域生存发展。尽管这个假说现在仍有争议，但随着环境准入门槛持续提高，环境规制力度增强及产业结构调整的需求一直呈上升趋势，政府对自然资源和环境保护问题的关注度也明显提升。我国各级政府部门颁布了一系列环保法令条文，从立法、税收和投资等方面加强了对环境的治理，在此背景下，污染密集型产业的生产成本必然会提高，其生存和发展受到极大的影响，因此产业转移成为其发展战略的首要选择。与此同时，我国中、西部地区的工业化正处于快速发展时期，促进地方经济快速发展的需求提高了地方政府承接转移产业的积极性，但这一举措的实施很容易让地方政府落入忽视环境规制的"陷阱"，为发展地方经济，一些地方政府忽视了企业的超标排污。在短期内，污染产业的转移能为迁入和迁出的两个地区带来收益，但从长期来看，将不可避免地给迁入地带来一定的环境隐患。因此，为了避免走上"先污染后治理"的老路，政府相关部门必须积极关注污染产业的发展。制定和实施环境规制相关措施，在确保污染产业的收益不会大幅减少的情况下推动产业结构优化升级，进而提升我国经济的综合竞争力，是实现绿色发展与产业空间优化亟待解决的关键问题。

环境问题是关系国计民生的大问题，为实现经济健康协调可持续发展，必须完整、准确、全面地贯彻落实新发展理念，以经济社会全面绿色转型发展升级倒逼高质量发展，处理好环境保护与经济发展的关系，遵循新常态下经济发展的新特点、新要求、新趋势，逐步解决环境问题，为我国经济实现全面健康发展创造良好的外部条件。此外，为实现经济转型发展，正确处理环境保护与经济发展之间的问题，政府要督促污染严重的相关企业肩负起环境保护的责任，社会公众要增强生态保护意识，以实现经济社会发展和生态环境保护协同共进，促进经济社会全面绿色转型发展。

为解决重点区域的环境污染问题，实现经济可持续发展，需要建立健全的环境规制制度，对污染源头科学严控，有效减少污染物的排放，并以环境污染治理"市场化、专业化、产业化"为导向，构建多元化污染治理机制，为加速经济结构调整、促进经济与环境统筹发展提供良好的制度保障。面对日益增强的污染外部性，环境规制是否起到了对产业和企业群体性的"强制性精洗"作用，产生优胜劣汰效应？如果考虑了污染外部性、环境规制的时空异质性，产业空间分布会转向均匀状态还是更加偏离均匀状态？能否实现产业空间经济效率与绿色发展的同一性？环境规制对产业分布的内在作用机理是什么？为了研究这些问题，本书将结合我国当前经济社会发展的背景，探究污染的外部性、环境规制与产业空间分布演化之间的关系，研究如何制定和实施环境规制相关措施，确保在污染产业的收益不会大幅度减少的情况下达到产业结构升级，并分析环境规制保护政策实际运用的效果及对于污染产业绿色转型的影响。

1.1.2 研究意义

1. 理论意义

现有的有关环境规制的研究多局限于企业竞争力及创新效应等层面，且多以新古典经济学及新增长理论为研究框架，忽略了空间因素；新经济地理学虽然考虑了空间因素，但有关产业空间分布的研究还需要向动态演化延伸。本书以考虑企业异质性和更符合现实的"新"新经济地理学为基础，通过多学科交叉将同时空演化联系起来，探究污染外部性、环境规制时空异质性对产业空间分布演化影响的内在机制，相关研究成果不仅可以发展"新"新经济地理学和演化经济地理学研究，还能为环境规制提供一个新的研究视角。

2. 现实意义

我国部分地区的环境污染问题已对经济社会的可持续发展带来了不良影响。若继续沿用粗放型的生产方式，在加速推进工业化进程的同时，必然会对当地环境造成破坏。虽然我国已经出台了一系列环境保护政策，但由于空间的差异性，不同地区环境政策实施效果具有较大的差异。要想实现经济与环境的协调发展，在兼顾产业空间生产效率的同时，统筹环境生态优化是需要关注的重要问题之一。本书根据理论逻辑演绎及实证检验，在"新"新经济地理学（New New Economic Geography，NNEG）、演化经济地理学（Evolutionary Economic Geography，EEG）与新结构经济学（New Structural Economics，NSE）融合的视角下，从时空维度剖析污染外部性、环境规制与产业空间分布演化的内在机理，并通过寻求我国数据的实证检验，明晰兼顾产业空间经济效率与绿色发展的环境规制修正机制与新路径，设计出通过环境规制提升产业空间经济效率与绿色效率的战略对策和实施细则，对政府相关部门有重要的决策借鉴意义，因此相关研究成果具有较高的应用价值。

1.2 研究内容与思路

本书主要研究内容分为四部分。第一部分，建立理论分析框架。在对相关文献进行充分回顾与述评的基础上，借鉴"新"新经济地理学理论，融合演化经济地理学与新结构经济学的思想进行理论推理，为数理模型的建立提供理论基础。第二部分，构建演化博弈模型。通过建立政府环境规制、污染产业与公众的博弈模型，分析不同条件下博弈三方的均衡情况和策略选择，从而实现博弈三方各自利益最大化。第三部分，实证研究。首先，分析环境规制政策的实行对污染产业产生的影响；其次，通过构建中介效应模型和面板门槛模型分析环境规制、全要素生产率与制造业产业集聚的关系；最后，对环境规制、产业空间分布与省际污染外溢效应进行实证研究。第四部分，研究结论与政策建议。

第一部分：污染外部性、环境规制与产业空间分布演化的理论基础，包括第1

章、第 2 章，主要采用历史归纳、现象归纳与理论抽象相结合、微观主体行为与宏观系统规律相结合的方法，在系统地梳理国内外相关研究的基础上，以 NNEG 关于产业空间演化的最新成果为研究起点，结合实地调研及案例研究，融合 EEG 的思想进行理论推理，为数理模型的建立提供理论基础。

第二部分：地方政府环境规制、污染产业与公众的演化博弈分析，即第 3 章。通过构建演化博弈模型，分析政府、污染产业与公众的利益演化博弈，分析不同条件下博弈三方的均衡情况和策略选择，从而实现博弈三方各自利益最大化。

第三部分：实证研究，包括第 4～6 章。第 4 章分析环境规制政策对污染产业的影响，基于《全国资源型城市可持续发展规划（2013—2020 年）》《大气污染防治行动计划》分别对我国资源型城市污染减排效应及资源型地区产业结构转型升级进行研究。第 5 章是环境规制与产业集聚，通过构建中介效应模型进一步分析环境规制、全要素生产率与制造业产业集聚的关系，并通过面板门槛模型分析环境规制对制造业产业集聚是否存在门槛效应。第 6 章是环境规制、产业空间分布与省际污染外溢效应的实证研究，基于省际面板数据，构建了静态和动态空间杜宾模型，在"新"新经济地理学与新结构经济学的视角下，从政府和企业的角度分析两种类型环境规制工具对污染产业空间转移在全国层面和省级层面的影响和作用。

第四部分：结论和政策建议，即第 7 章。该部分对前文的研究进行了总结，提出合理且科学的对策建议，如提倡加强政策的联动性，充分发挥市场机制下的调节功能，并合理优化污染产业空间布局，从而更加有效地做到避免"污染回流"。

本书将生态经济、产业转型理论引入污染外部性、环境规制与产业空间分布演化关系的研究中，试图从一个新的视角对三者的关系进行比较完整、系统的理论阐释和实践分析。本书遵循经济学方法论中"提出问题—分析问题—解决问题"的总体研究思路，并采用规范分析和实证研究相结合的方法探究上述三者的关系。本书的研究框架与技术路线如图 1.1 所示。

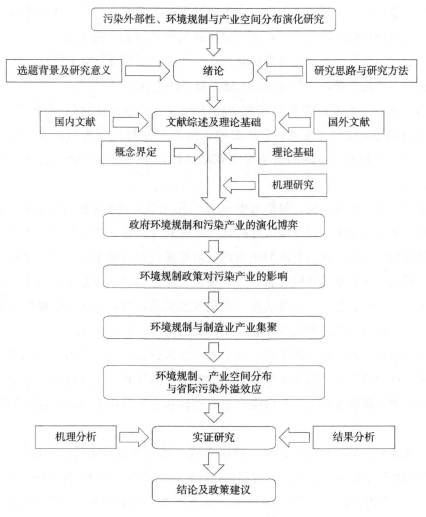

图 1.1 研究框架与技术路线

1.3 研 究 方 法

（1）理论研究部分

使用历史归纳、现象归纳与理论抽象相结合、微观主体行为与宏观系统规律相结合的方法，在系统地梳理国内外相关研究的基础上，以"新"新经济地理学关于产业空间演化的最新成果为研究起点，运用演化博弈方法分析不同利益相关者的稳定策略，在此基础上融合演化经济地理学的思想进行理论推理，为数理模型的建立提供理论基础。

（2）实证分析部分

在机理分析的基础上，使用数理统计学方法构建理论模型，从微观主体的目标函数和行为特征出发，探究污染外部性、环境规制与产业空间分布的演化规律，并利用 Matlab 对理论模型进行数值模拟，为量化研究提供理论基础。在理论推演的基础上，为降低模型偏误和避免内生性，综合应用时间序列分析、面板门槛模型等方法，客观评价代际污染外部性、跨界污染外部性、环境规制区域异质性及时间演化与产业空间分布的定量关系。

（3）政策研究部分

在理论与实证研究的基础上，分析污染外部性、环境规制与产业空间分布的关键问题，从不同利益相关者的角度提出修正环境规制的机制和细则，保证环境规制切实有效。

1.4 主要创新

1）在理论研究方面，现有的环境规制问题主要集中于新古典经济学和新增长理论框架的研究，将环境规制视为外生变量，忽略了空间因素，新经济地理学有关产业空间分布的研究未将环境规制纳入考察范围，也没有考虑污染外部性、环境规制时空异质性与产业空间分布演化的内在联系。本书将"新"新经济地理学、新结构经济学及区域经济学等多学科结合，深入研究污染外部性、环境规制与产业空间分布演化的内在机制，为相关研究提供了一个新的视角。

2）在实证与应用研究方面，本书采用时间与空间演化相结合的分析方法，通过构建动态多维的理论模型，既考虑企业、区域的异质性，又考虑污染外部性、环境规制的时空异质性，综合使用空间计量结构分析、地理空间统计分析、时间序列分析、面板数据模型等多种方法，客观地估计空间相关性，进而对环境规制促进产业空间分布演化作出合理的解释。为降低模型偏误，避免内生性，综合应用时间序列分析、面板门槛模型、倍分法、地理空间统计等方法，控制正负外部性等因素，分析环境规制与产业空间分布演化的定量关系。

第 2 章　文献综述及理论基础

产业转移、绿色转型、产业空间分布演化理论是本书的理论基础，也是分析环境规制与产业空间分布演化的新视角，目前鲜有文献将这三者有机结合起来进行系统性的研究。本书对相关内容进行文献梳理和述评，有利于为本书提出的理论分析框架做好理论准备。

2.1　文 献 综 述

近年来，随着我国对环境保护重视程度不断提高，中央及地方政府部门环境规制的力度也不断加大，而环境规制政策的实施进一步导致了产业空间分布演化，并给相关产业带来一系列创新效应和经济效益。污染的外部性、环境规制及产业空间分布演化是近年来学术界关注的重点，并产生了一系列丰富的研究成果。

2.1.1　国外文献综述

国外学者对环境规制及相关理论的研究起步较早，涉及不同的利益主体，形成了大量丰富的研究成果，研究内容主要集中于以下三方面。

1. 污染的外部性与产业空间分布演化

在污染的外部性与产业空间分布演化方面，国外学者的研究已形成完整的理论体系。从地理空间及空间溢出角度，学者们对环境的空间外部性进行分析，得出了污染的外部性会导致产业地理空间分布的不均衡及转移行为的结论。20 世纪 90 年代初期，美国学者克鲁格曼（Krugman）对污染产业集聚现象进行了研究，认为产业集聚现象更多地出现在纺织业及其相关产业中，相比之下，金属、印染等产业的集聚现象并不明显。基姆（Kim）研究了制造业产业集聚现象，认为制造业空间分布集聚现象十分明显。埃里森和格拉泽（Ellison & Glaeser）重点研究了产业集聚的影响因素，认为空间尺度越大、产业细分程度越高，产业集聚现象就越明显。布雷克曼（Brakman）、奎斯（Quaas）和兰格（Lange）基于克鲁格曼的中心—外围基本模型，在拓展模型中增加了环境污染指标，实证模型结果表明环境污染在一定程度上会破坏产业空间的稳定状态。西格曼（Sigman）的研究结果表明跨国河流在边界地区污染程度较高，且河流下游的污染程度总是高于河流上游，这些都属于环境污染管理"搭便车"的行为。赫兰德（Helland）的研究进一步证实了西格曼的研究结论。

然而，从地理纬度研究环境污染的文献还比较少，特别是鲜有学者从地理纬度和经济活动的空间模式二者交互作用方面进行研究。玛库森（Markusen）、劳谢尔（Rauscher）和赫尔（Hoel）对流动性污染公司跨行政区的竞争进行了研究，发现存在两种结果，即"竞争到底"和"别在我家后院"。普吕格尔（Pflüger）对"冰山式"运输成本和迪克西-斯蒂格利茨垄断竞争的贸易模型进行了考察，得出了相似的结论。坎布尔（Kanbur）也进行了相关研究，得出当空间模拟为连续变量时，大行政辖区会比小行政辖区征收更高环境税的结论。劳谢尔、范·马尔雷维克（Van Marrewijk）、卡尔卡拉科斯（Karkalakos）运用新经济地理学（New Economic Geography，NEG）模型研究了环境污染和工业集聚的关系。埃尔伯斯和威瑟根（Elbers & Withagen）与范·马尔雷维克通过对向心力和离心力作用下的核边缘 NEG 模型进行研究，得出环境外部性降低了核边缘的内聚性的结论。兰格和奎斯认为经济地理学模型包括完全集聚、部分集聚和经济活动分散三种。基姆分析了 1880—1987 年美国 22 个数字制造业不同年份的罗伯津斯基（Rebzinsky）方程矩阵，并通过控制要素禀赋区分了自然优势引起的地理集中和溢出效应，结果表明，尽管要素禀赋的解释力在研究期间略有下降，但自然优势可以解释美国制造业集聚的大部分地理变化。格拉泽对数字制造业的就业人数与国家的自然优势进行了回归分析，结果表明，产业区位与国家的自然优势有关，约 1/4 的产业地理集中度归因于国家的自然优势。一些学者利用两地区两部门新经济地理学模型验证了在一些市场规模大的地区不会出现"环境污染天堂"效应这一观点。侯赛因和卡内科（Hossein & Kaneko）证实了国家间的环境污染存在空间溢出现象。基里亚科普卢和契帕迪叶（Kyriakopoulou & Xepapadeas）将环境污染设定为离心力，认为离心力与其他向心力指标如知识溢出、自然禀赋等共同作用，从而决定了产业的空间分布演化。在发展中国家的污染问题的研究中，罗纳德·沙德贝吉安（Ronald Shadbegian）发现各产业类型对不同的环境保护标准有不同的反应。杰维德·弗鲁托斯和吉奥马尔·马丁-赫尔兰（Javierde Frutos & Guiomar Martín-Herrân）通过对跨界污染博弈进行研究，在标准的时间维度外引入空间维度来辨析区域间的地理关系，对每个地区采取战略上的行动，力求最大限度地减少污染物质对环境造成的破坏。苏米特·米什拉（Sumit Mishra）和克里斯托弗·希金斯（Christopher D. Higgins）对城市交通产业空间分布进行了研究，发现集聚的规模经济和网络效应可能与交通可达性和有害物质排放水平带来的负面外部效应有关，对于汽车高准入的地区，集聚的准入效应与环境成本相抵消，城市区位优势的动态、空间公平及城市群经济效益也会对城市的空间结构产生影响。相比之下，经济发展水平可能与大多数地区的经济指标存在相反的关系。

近几年，新型冠状病毒肺炎（COVID-19）疫情的暴发对污染外部性和产业空间分布的演化也产生了影响。贝尔瓦尼·赫曼特（Bherwani Hemant）对德里、伦敦、巴黎和武汉四个城市在固定情境下进行研究，认为COVID-19会造成世界经济的巨大损失，但工作凝聚力下降对环境是有益的，具体表现为空气污染物排放减少、污染外部性程度降低。

2. 环境规制的产业空间分布演化

国外学者研究发现，存在污染外部性的产业空间演化受环境规制的影响主要表现在正式环境规制方面，政府部门和政府环保机构为环境规制的中坚力量。相关研究可以验证"污染避难所"这一假说的合理性。

一些学者对"污染避难所"假说持赞同态度，认为环境规制强度差异促使污染型产业由环境规制力度强的国家或地区通过不同方式转入环境规制力度较弱的国家或地区，这一承接方式的基础是招商引资带来的吸引力。莱伊和梅莉（Layy & Merry）的研究表明，环境规制相对宽松的国家政策会吸引污染密集型产业集聚，并通过要素流动、整合，间接地抑制清洁环保产业的发展。达斯古普塔（Dasgupta）认为，严格的环境管制可以使污染排放低于不严格或没有环境管制下的水平，从而使环境库兹涅茨曲线（Environmental Kuznets Curve，EKC）变得平坦。瓦格纳和蒂明斯（Wagner & Timmins）的研究表明，大型工业化国家鼓励污染产业在海外建厂，常常是由当地环境规制制度不健全导致的。科斯坦蒂尼和克雷斯皮（Costantini & Crespi）的研究表明，清洁型企业的集聚可能对区域环境监管和环保标准产生正向影响。博格曼和威瑟根（Bogmans & Withagen）对产业转移与环境法规之间的关系进行了动态分析，认为环境政策相对宽松的国家或区域可能会吸引污染密集型产业集聚，通过要素流动与整合，间接地抑制了清洁环保产业的发展。米利米特和罗伊（Millimet & Roy）的研究认为"污染避难所"假说可能存在内生性问题，即产业转移本身对政府环境规制有一定影响，转移企业的所有权性质、规模和区域内公众环保意识、积极参与的程度可能对政府环境监管质量和水平产生影响。达姆和舒尔滕斯（Dam & Scholtens）认为，环境税的征收会对污染物排放密集型产业造成不利影响，也会迅速导致生产结构变化。格雷格·西蒙斯（Greg Simmons）研究了加拿大采用的全国污染物排放清单（NPRI）对大气环境的影响，指出这一新型环境规制工具有助于提升环境质量。也有学者研究了产业空间集聚对周边区域的环境污染形成的跨界污染负外部性。

一些学者对"污染避难所"假说持反对态度。格雷特和梅洛（Grether & Melo）对 52 个国家具有代表性的污染产业的研究数据进行了统计分析，并未发现污染企业由环境规制强度较高的发达国家向环境规制强度较低的发展中国家转移的证据。托西·阿里穆拉（Toshi H. Arimura）的研究指出，自愿型环境规制能够减少污染物的排放，且能够降低环境规制成本，因此应该大力推广这种规制方式。该研究虽然肯定了自愿型环境规制的优点，但也提出了其缺点，即这种规制方式取决于企业的意愿，因此规制效果具有很大的不确定性。科尔斯塔德（Kolstad）等的研究表明，环境规制强度较低的地区不能显著吸引跨国资本流动。米尼尔（Minier）、泰勒和莱文森（Taylor & Levinson）的研究表明，环境规制强度对污染产品的贸易流向有着显著影响。埃德林顿（Ederington）利用美国 20 世纪 70 年代到 90 年代的相关数据证明美国的污染性产业并未转移到环境规制强度较低的其他国家。

还有学者分别从污染效应、区位选择、行业选择、国家选择等角度分析了环境规制能否成为影响污染产业转移的主要因素。一些支持观点认为，国家或地区环境规制强度的差异是导致"污染天堂"出现的重要因素，提出应当提高发展中国家的规制强度或者降低发达国家的规制强度。然而，反对观点认为，环境规制的强度差异并不是导致"污染天堂"出现的重要因素，产业类型、资源禀赋、产业集聚等因素在"污染天堂"出现的诱因中占据更重要的地位。因此，针对不同产业、不同地区、不同制度制定的环境规制政策也应当具有适应性。费德森（Feddersen）的研究表明，环境规制对企业的区域布局因地区的产业集聚情况不同而产生不同的影响，区域间环境税的差异不一定会导致企业的转移，因为企业在产业集聚度较高的区域具有较好的规模效应，税收的差异不足以鼓励企业转移。

3. 环境规制对污染产业的效应

针对污染产业的环境规制政策及相关研究涉及公共管理和公共政策，所以对环境规制政策可行性的研究及对不同政策手段的评估分析研究开始时间较早。卡恩（Kahn）认为，规制的本质是以行政秩序取代市场竞争，这是一种制度安排，而环境规制是一种被广泛接受的政策工具，即环境外部性的内在化。阿特金森和刘易斯（Atkinson & Lewis）指出，命令控制型和市场激励型两种类型的规制方式各有利弊：命令控制型规制工具的优点是可以快速地改善环境质量，但执行成本较高；市场激励型规制工具的优点是规制成本低，但规制效果具有一定的时滞性。因此，从节约成本的角度考虑，市场激励型规制工具更具优势。阿克（Aaker）在结构方程模型的基础上检验了空气污染、汽车驾驶里程、政府态度与限制汽油配给等控制空气污染的公共政策选择之间的关系，得出最终的决策取决于替代方案成本的结论。戈尔梅（Gorlmey）研究了中央和地方如何确定空气质量管理标准和配置行政权力，认为关键在于是否优先考虑清洁空气成本。约翰·梅里菲尔德（John Merrifiled J.）从监管部门和工厂管理者的角度分析了政策前景，剖析了美国现行空气质量政策的主要特点和美国国家环境保护局命令控制与经济激励相结合的空气质量政策。卡米尼耶茨基（Kamieniecki）以加利福尼亚州清洁空气方案修订为例，分析了地方政府大气污染防治政策与中央政府标准相互协调的问题。玛库森构建了两地区、两企业、两阶段的动态博弈模型，发现环境税的参数会对均衡产出和企业区位选择产生影响，存在"逐底竞争"和"逐好竞争"的纳什均衡。巴雷特（Barrett）构建了双寡头模型，发现国内企业通常采取比竞争国家相对更弱的环境规制策略，以获得更多的垄断利润。查尔斯（Charles）通过分析美国空气污染控制政策及政策工具发现命令控制型政策效率低下，故建立市场激励机制成为污染控制政策改革的趋势。库克（Cook）通过研究公众对美国国家环境保护局基于市场机制的空气污染控制方案的评议发现，除环保团体外，有较多的个体支持大气污染控制的经济激励方案。米特（Met）通过对美国州际环境规制策略进行实证研究，发现美国各州的环境规制策略更多地表现为"逐好竞争"，而非"逐底竞争"。保罗·贝托尼（Paul R. Bertoni）讨论了"环境联邦制"问题，即建立一个国家空气质量管理局，分配中央和地方政府的污染监测和管理权。伊丽莎白·伊科诺米（Elizabeth Economy）认为，中央政府如果赋予地方政府过多的行政权力，当环境政策遭到地方政府反对时，中央政府将难以有效执行环境政策。

邓古马罗和马杜鲁（Dungumaro & Madulu）、亚纳泽（Yanase）、藤原和范·朗（Fujiwara & Van Long）运用博弈方法探讨了公众参与环境保护和跨境污染控制对政府环境监管策略的影响。本杰明·范·鲁伊（Benjamin Van Rooij）认为，在制定环境相关法律的过程中，中央政府缺乏对地方政府利益的考虑，地方政府对环境法律规章缺乏认可，导致地方环境法律规章的实施难以达到预期的效果。安德烈亚斯·克雷默和米兰达·施鲁尔斯（R. Andreas Kraemer & Miranda A. Schreurs）对德国和美国的环境监管体系进行了研究，认为健全的法律体系和监管机构是确保环境监管独立性的前提。大卫·本森和安德鲁·乔丹（David Benson & Andrew Jordan）研究了环境政策如何以互利的方式改善人类与自然环境的关系。研究表明，只有当环境保护部门与其他部门紧密合作时，环境保护政策才会真正得到有效实施。从政策上讲，"环境政策一体化"代表着环境政策不断转变为支持人类可持续发展的更广泛的政策，但其中潜在的困境仍需要认真思考。奥古尚克·丁杰尔和佩格·弗雷德里克松（Oguzhanc Dincer & Perg Fredriksson）对美国的环境规制政策实施力进行了分析，研究表明，信任水平会对腐败程度及环境政策的严格性产生影响，当信任度较低时，腐败程度越高，环境政策的严格性就越低，但在信任度较高的情况下这种影响程度会下降，甚至由消极转为积极。翁永和（Yungho Weng）通过构建寡头垄断模型发现，随着全球环境保护意识的提高，世界各国大多实行紧缩型环境政策。然而，班扎夫和丘普（Banzhaf & Chupp）通过对政府统一排放政策的研究，认为当不同司法管辖区的排放损失差异较大，且管辖范围内的排放造成的局部边际损害相对较高时，地方监管机构也可以自行选择实施更严格的法规。王文文（Wenwen Wang）以机制设计和代理理论为基础的研究发现，在短时间内，第一轮环境检查和环境检查重新审视显著改善了空气质量，并显著减少了 $PM_{2.5}$ 和 PM_{10} 等污染物的排放。

环境规制对污染产业的效应主要从三个方面来分析。一是环境规制对污染产业的经济效应。国外学者关于环境规制对污染产业的经济效应的研究，因对污染产业界定、环境规制的衡量及研究区域存在差异，得出的结果也各不相同。部分学者认为，环境规制会显著降低产业的经济绩效，即环境规制使产业承担较多的污染治理费用，增加了生产成本，进而降低了企业的边际利润。格雷（Gray）对

450 个制造业的数据进行了分析，结果表明，政府环境规制与制造业生产率之间存在负相关关系。格林斯通（Greenstone）通过对美国制造业的生产数据进行分析，估算出环境规制对生产率造成的影响。巴伯和康奈尔（Barber & M. C. Connell）对美国 1960—1980 年造纸、钢铁和化工行业的数据进行了分析，得出环境规制使得污染控制投资额增加，从而降低了企业绩效。约根森和威尔科克森（Jorgenson & Wilcoxen）重点考察了几类重污染产业，发现环境污染治理投资的增加会导致污染较严重的产业产出下降。杜福尔（Dufour）以加拿大 19 个制造业为研究对象进行了实证研究，发现环境规制政策会使生产率增长速度放缓，从而对企业绩效的增长产生影响。

然而也有部分学者持相反的观点，认为较合理的环境规制可以从宏观政策角度引导企业改善、优化生产经营方式，刺激企业扩大生产规模及有效增加产量。伯曼和布伊（Berman & Bui）以石油冶炼产业是否受到环境规制影响为切入点，通过对比分析，得出环境规制能大幅度提高产业生产率的结论。拉诺伊（Lanoie）研究发现环境规制政策正向影响重污染产业的生产率。博蒙特和延奇（Beaumont & Tinch）以铜矿污染为案例进行了研究，发现利用排污成本曲线方法能够增加信息透明度，提高环境管理效能，从而实现降低污染成本与增加产出的双赢。

还有学者认为，环境规制的经济效应具有差异性。博伊德·麦克莱兰（Boyd McClelland）以美国纸浆和造纸业为对象进行了研究，发现环境规制短期内导致潜在产出损失，但在长期生产过程中又能有效促进潜在产出大幅度提高。克里斯蒂安森和哈夫曼（Christiansen & Haveman）与西格尔和约翰逊（Siegel & Johnson）通过实证研究表明，环境规制会导致制造业生产率下降，增加污染防治成本必然导致利润率的降低。拉诺伊（Lanoie）以 17 个制造业为对象进行了研究，发现短期内如企业未及时调整投资方案、生产工艺等，会导致环境规制呈现负效应，但从长期来看，企业的发展战略与国家政策相契合，环境规制则呈现正效应。阿尔派（Alpay）对不同国家食品加工业的数据进行了比较分析，发现环境规制对不同经济发展水平背景下的工业发展有不同的作用。浜本（Hamamoto）对日本制造业进行了研究和实证，发现日本环境规制政策对企业的自主研发投入产生了积极的刺激作用，这种作用最终会带来全要素生产率的提升。有些学者则认为比较合理的环境规制政策可以有效地促进企业生产经营进程，刺激企业增加产量，促使企业追求更低的规制成本或者使企业获得进入新市场的机会。

二是环境规制对污染产业的创新效应。国外学者对环境规制创新效应的研究结论存在显著差异，主要有以下三种观点。

1) 从静态角度出发，以传统的新古典经济学理论为基础的研究发现强度较大的环境规制会挤占技术研发的资金和精力，阻碍技术创新。格雷和沙德贝吉安在对美国重污染产业的研究中发现，环境规制带来的技术创新收益不足以抵消规制成本，会对企业的创新活动产生一定的抑制作用。贾菲和帕尔默（Jaffe & Palmer）认为环境规制在增加治污费用的同时并没有使创新能力得到提升，反而造成生产要素价格的间接提升，从而使企业承担更高的成本。瓦格纳通过对德国制造企业相关数据进行分析，发现环境规制力度的加大使得专利申请总量减少。

2) 从动态角度出发，认为合理的环境规制政策可以促进企业的技术创新。从长远考虑，企业在环境规制条件下会努力降低成本，优化生产过程，进而提高绿色技术创新水平。波特最早系统地阐述了环境保护与企业竞争力的关系，自此之后，学术界以不同的行业为研究对象，对环境规制与企业技术创新之间的关系进行了分析与验证。兰茹和莫迪（Lanjouw & Mody）通过美、日、德三国 20 世纪 70 年代的企业数据研究了环境规制与技术创新之间的关系，结果表明，环境专利数量与治污成本成正相关关系。浜本通过研究日本制造业的环境规制与生产率之间的关系，得出环境规制可以通过倒逼技术创新促进全要素生产率提高的结论。米克维茨（Mickwitz）以芬兰污染比较严重的行业为对象进行的实证研究发现能源税能有效促进环境技术创新和扩散。拉诺伊（Lanoie）认为环境规制能倒逼企业投入研发。鲁巴尼亚（Rubashkina）的研究则发现，环境规制不利于污染型产业发挥比较优势，而有利于技术创新发挥比较优势。

3) 从综合角度分析环境规制对技术创新的影响，认为不同的经济环境、企业性质及时代背景下环境规制的作用具有不同的表现形式。达纳尔（Darnall）认为，在相同的外部政策条件下，异质性企业基于经营利润、创新收益等方面的考虑，技术创新反应不同。宝龙和秋莲（Baolong & Qiulian）在研究环境规制与劳动生产率的关系时，发现长期的环境规制对制造业研发投入会产生挤出效应，而短期内则促进了劳动生产率的提升。此外，欧洲一些国家通过征收碳税的方式减少碳排放和农药的使用，这可促使相关产业进一步加快技术创新和加强当地监管机构对污染排放的监管。

三是环境规制与污染产业转型。产业转型一直是学术界研究的热门话题，环境规制的研究近年来也引起了学者们的关注，但由于研究市场及假设条件不同，两者之间的关系并没有定论。克里斯蒂安森和哈夫曼认为环境规制首先反映在企业成本方面，即环境规制强度增加了企业在生产决策方面的约束条件，使得企业面临生产成本上升的压力从而考虑转型。迈克尔·波特（Michael Porter）认为环境政策可以实现双赢的效果，即它可以在改善环境质量的同时提升企业竞争优势。此观点强调了环境规制对企业污染治理与经济发展的积极影响，认为环境规制可使企业减少后期付出更大成本的风险。沃斯和林根斯（Voss and Lingens）、奥林格和费尔南德斯（Ollinger & Fernandez）分析了环境监管的实施对美国农药行业创新企业数量和行业结构变化的影响，认为环境规制提高了污染行业的进入成本，表现为沉没成本内化和额外监管成本及产品的边际成本或平均成本增加，直接导致被规制产业企业数量急剧下降。波普和纽厄尔（Popp & Newell）对"波特假说"持反对观点，认为环境规制带来的环境治理类技术的提升并不能代表行业整体技术水平的提升，环境规制对行业整体全要素生产率提升有一定的阻碍作用。但部分学者对"波特假说"表示支持，迪安（Dean）实证检验了环境规制对产业结构的作用机理，结果表明环境规制弱化了国际直接投资（FDI）和国际贸易对产业升级的正向影响。另有学者利用1997—2003年的行业面板数据，以降污减排费用为环境规制的代理变量，探讨了严格的环境规制能否促进区域的研发与生产结构转变，结果表明，环境规制与研发支出成正相关关系，这意味着相对严格的环境规制会导致高额的研发支出，并引发较大的生产结构调整。格兰德森和普赖尔（Granderson & Prior）以1990年美国颁布的"清洁空气法令"为环境规制实施与否的代理变量，考察环境法规对美国电力行业的影响，研究表明，自环境规制实施以来，被规制行业开始批量安装污染物减排、过滤等相关设备，且大面积区域的污染企业采用了节能减排技术。哈勒姆（Hallam）认为绿色管理有可能导致突破性的产品创新，而不是增量的产品创新。道尔（Dowell）提出，绿色项目是否有利可图直接决定了污染企业是否会选择绿色行为。拉马纳坦（Ramanathan）等考察了环境管制与企业技术创新和经济表现之间的关系，认为一味地遵守规章制度会迫使企业陷入被动状态，并对经济业绩产生不利影响，而相对灵活、有针对性的规制政策则可以促进企业技术创新，优化企业生产结构。查克拉博蒂和查特吉（Chakraborty & Chatterjee）从对外贸易角度研究了产品进口国的环境规制对产品出口国不同规模和所有权下的企业创新活动的影响，结果显示，环境规制约束下的企业创新支出均有不同程度的增加。马内洛（Manello）以2004—2007年意大利和德国化工企业污染物排放绝对量的增加额为样本，在采用方向距离函数（DDF）测算污染效率得分和全要素生产率增长指数的基础上分析了环境规制约束下企业作出的反应和生产方式调整。其研究表明，在规制初期，企业为避免遭受较高的规制惩罚，普遍向绿色生产方式调整，且业绩表现较差，但随着时间的推移，两国企业均表现出良好的环境和经济绩效。

2.1.2 国内文献综述

1. 污染的外部性与产业空间分布演化研究

产业集聚是一把双刃剑，在带来成本降低、技术溢出等正向影响的同时，也会带来环境污染等负向的外部效应。20 世纪 90 年代末，国内学者开始研究污染外部性与产业空间分布演化，二十多年来取得了一系列研究成果。夏友富研究了中国工业企业的相关数据，发现污染性企业存在国际性空间转移。曾文慧利用 1994—2002 年的省份面板数据分析了河流上下游地区的环境污染，研究表明：上游的污染总是向下游转移，从而导致了整个河流水质的下降；另外，在省域或者市域内部，污染密集型企业有向区域边界转移的趋势，这是环境污染程度发生变化带来的产业布局的变化。贺灿飞通过研究污染性产业发现，当产业政策发生变化时，石油、金属等加工工业会随之出现产业分散现象。龚健健通过研究发现，具有污染负外部性的产业存在地理集聚现象，且东部地区集聚现象最突出。高爽、邓玉萍和许和连认为，FDI 集聚和制造业集聚与污染密切相关，且三者均存在空间溢出。周沂通过研究深圳市污染企业的空间分布特征，发现城市内部污染企业趋向于往城市边缘地区和环境管制力度较弱的区域迁移，使得原本在中心地区集聚的污染向周边分散。马丽梅、张晓在空间计量模型基础上对我国东、中、西部地区重点排放行业的 PM_{10} 排放量进行了分析，得出结论：不同地区 PM_{10} 排放的主导因素存在差异，地区间的 PM_{10} 交互影响为"负效应"，我国的环境污染存在空间溢出效应，长期来看，在部分地区通过产业转移治理大气污染是不可行的。何雄浪通过建立新经济地理学模型探究了在污染跨界性的先决条件下区域间的污染传播效应与区域空间演化进程及区域空间稳态平衡的问题。詹先志从新经济地理学的视角，以制造业集聚为切入点，利用 2005—2015 年中国 285 个市级面板数据，在污染的空间溢出效应的基础上研究了环境污染的负外部性与产业空间集聚的关系。崔木花、殷李松指出各地污染排放不仅影响本地的环境质量和产业发展，对邻近区域的环境质量和产业发展也会产生影响，且各区域污染排放引起的交互效应对各自产业发展也会产生一定的影响。王宁宁对影响环境污染的各种因素进行了探讨，发现经济发展与人口密度增加不利于环境污染的改善，而污染治理政策的实施、新型污染防治技术的应用及贸易开放度是促进环境污染改善的重要原因。邹辉从污染密集产业入手，针对污染密集产业的空间分布格局，分类别、分产业、分地区对污染状况进行了深度剖析，最终得出污染排放具有扩散性、污染行业存在行业性、污染地区具有集中性等结论。姚希晨通过测定二氧化氮在珠江三角洲地区造成的污染研究了各个产业污染物的影响范围，并利用计量软件的空间分析功能确定不同产业的空间分布状况，发现不同产业随着空间分布演化与空气中污染物浓度产生不同的相关性，其中高能耗型产业对空气中污染物浓度的影响比较明显。

部分学者认为环境污染对人的工作状态的影响将直接导致劳动生产率降低，从而改变地区的产业集聚状态。杨俊和盛鹏飞就上述情形进行了检验，认为环境污染对劳动者身体健康产生的不良影响使劳动生产率和人力资本质量降低，环境污染对区域间劳动力转移的影响引起的劳动力市场供给的变化也会间接影响劳动生产率。赵少钦的研究结果表明，环境规制对产业集聚的影响通过成本效应及需求效应实现。张可和汪东芳构建了环境污染和经济集聚的空间联立方程，证实了环境污染对经济集聚存在反向抑制作用。

还有一些学者通过研究污染外部性对自然资源的影响对产业空间分布进行了探究。徐强认为，在地区工业集聚形成之初，存在比较充裕的土地自然资源，其对集聚产生正向影响。随着集聚规模的日益扩大，集聚区域企业数量不断增加，土地等自然资源的短缺制约了产业集聚的发展。马国霞以产业集聚度和投入产出系数为横、纵坐标，以它们的平均值为坐标原点，建立了分布图，对我国制造业产业空间集聚机制进行了分类研究，得出资源禀赋空间分布不均是导致产业空间集聚度低的主要原因。王玉海和刘学敏认为，区域经济集聚是以企业为主体的，传统资源观只适用于以企业为基本竞争单位的分析，而很难对以产业集群为代表的区域经济集聚进行分析。胡晨光的研究表明，政府通过政策手段改变了集聚经济圈内产业的外部发展环境，从而改变了要素禀赋的使用和发展方向，发挥了要素禀赋在国际分工中的比较优势，使产业集群处于集聚经济圈内，政策手段成为集聚经济圈内产业集群的外部动力。周佳的研究结果表明，随着城镇化进程的加快，地下水污染指数普遍增高，且具有比较明显的空间分布特征，居民区、工商业区、农业区的经济活动对地下水污染的分布影响较大。陈金华利用地理加权回归（Geographically Weighted Regression，GWR）和地理时间加权回归（Geographically Time Weighted Regression，GTWR）研究了我国工业污染的时空异质性，探究了工业生产的负外部性对环境污染和空间外溢的影响。研究表明，由于环境系统的自净能力有限，污染存在较强的时间效应。在中部和东部地区，国有企业产值比重的增加与工业污染排放量的减少有关，而西部地区则相反，这更好地证实了工业污染的时空异质性是缓解工业污染、实现经济可持续增长的前提。

2. 环境规制的产业空间分布演化研究

国内学者对环境规制与污染产业空间演化的关系进行了大量研究。环境规制对污染负外部性产业空间演化的影响主要体现在环境规制的强度、地域差异及其他因素上，相关研究大体也按照此分类进行。金祥荣和谭立力基于新经济地理学视角考察了区域间环境政策的实施差异对产业转移和区域产业结构变迁的影响，结果显示，地区环境政策差异是通过影响产业分布而对区域产业结构产生显著影响的，但其对经济总量的影响并不明显。钟茂初认为，环境规制对产业转移的影响具有"门槛效应"，它对转型升级的影响也是如此。根据产业转移和产业转型升级两个门槛变量可以将环境规制的影响分为三个阶段，依次为既不促进产业转移也不促进产业转型升级、促进产业转移但不促进产业转型升级、既促进产业转移又促进产业转型升级。张平构建了环境规制影响产业转移的机制框架，证明了环境规制强度的提升会造成产业转移。赵细康和王彦斐以 2008 年广东大规模区际产业转移为依据，采取抽样方法，通过分析污染产业转移与环境规制之间的关系得出导致污染产业区际转移的主要因素并非环境规制。沈坤荣采用污染税衡量环境规制强度，分析了在不同地区存在不同强度环境规制标准的背景下企业采用的搬迁策略，并通过实证检验得出结论：企业会因某地区环境规制强度的增强而被迫外迁，且偏向于就近外迁，即环境规制引发污染的就近转移。

部分学者认为，仅仅研究环境规制对产业转移的影响也许会产生内生性问题，即产业转移本身有可能与区域环境政策的制定和实施存在关联。刘满凤和李昕瑶从"贿赂效应"和"福利效应"角度考察了外来污染企业对当地环境政策的边际影响，结果显示，产业转移对地区环境规制的负向作用与地方政府的寻租行为紧密联系，环境规制效果取决于二者的综合作用，即地方政府对社会整体福利与自身得益的权衡。童健等建立了异质性行业差异化选择机制，运用我国省际面板数据对其进行了验证，发现各行业应对环境规制的行为取决于要素投入结构的差异。苏睿先通过构建模型把合规成本和要素禀赋纳入企业利润函数，阐释了环境规制下要素禀赋对产业转移的作用路径，得出产业转移的前提条件是区域之间形成要素禀赋的差异。贺文华和刘金林认为，环境规制对中高污染行业的产业集聚有明显的异质性作用。周浩和郑越研究发现，环境规制对中西部地区无明显影响，但对沿海地区产业转移的影响比较明显。汤维祺通过建立区域间一般均衡模型研究了碳市场的建立对高能耗产业转移的影响，得出结论：相比于碳排放强度减排目标，碳市场的建立不仅改善了中西部地区的产业结构，还减缓了污染产业向中西部地区转移的趋势，有助于当地的产业顺利实现转型升级。很多研究结果表明环境规制对产业结构的影响表现出不确定的发展趋势。魏玮和毕超利用2004—2008年中西部地区18个省份的面板数据得出污染产业确实存在为规避东部地区较大的环境规制力度而向中西部地区转移的结论。刘巧玲研究了我国东、中、西部污染产业增加值的分布情况，得出中西部地区环境规制力度较小是污染产业转入的一个重要原因。部分学者则不支持"污染避难所"假说。曾贤刚利用1998—2008年我国30个省份的面板数据对环境规制和FDI的关系进行了格兰杰检验，得出"污染避难所"假说在我国并不成立的结论。林季红和刘莹研究认为"污染避难所"假说在我国成立需要具备一定的条件，即需将环境规制视作严格外生变量，反之则不成立。张彩云实证分析了污染产业转移的影响因素，并证明环境规制与污染产业的转移存在U形曲线关系，合理的环境规制政策不仅能够促进产业的转入，促进当地经济的发展，还可以促使企业提高技术水平以减少污染，从而实现经济发展和环境保护的双赢。金春雨认为，环境规制效果在我国不同区域具有较强的异质性，在西部地区"污染避难所"假说成立，而东部地区则支持"污染光环"假说。

国内学者认为影响污染负外部性的产业空间分布的关键因素是环境规制。靳乐山研究发现，不同地区制定的环境标准不同会造成环境规制强度的差异，进而对污染型产业时空分布产生一定程度的影响。沈静研究发现，环境规制强度不同是污染企业进行地区转移的关键驱动力。刘巧玲认为，环境规制强度的提高和产业结构的不断调整将加大对污染产业空间分布的影响。

部分学者将污染产业空间分布的演变归结为政府环境规制之外的经济制度、资源要素、人力资源和技术要素影响的结果。王礼茂认为，国内外市场竞争、资源禀赋及丰富的劳动力要素是造成纺织工业转移的重要因素。郑易生和吴敬琏认为，具有污染外部性的产业空间转移的关键因素是地区经济发展水平不平衡。曹翔、傅京燕认为，抑制污染性产业的负外部性的关键手段是技术创新。吴伟平针对环境规制政策下的污染产业的空间演化问题，采用演化博弈模型和空间滞后模型，经实证分析得出正式的环境规制政策是影响污染产业空间分布的重要因素，而非正式的环境规制工具起到了辅助作用。宋爽利用动态空间杜宾模型，通过研究 1994—2014 年我国污染产业投资的重点区域，发现由于空间路径依赖性和时间转移性，环境规制政策虽然会对污染产业产生明显的抑制作用，但这种作用具有明显的联防联控特征，主要通过加大周围地区环境规制的力度抑制本地区的污染产业投资。张爱华通过对环境污染理论与经济增长、环境规制理论进行梳理，经实证研究得出环境规制本身具有的传导性会导致产生区域差异性，从而对经济增长产生影响。屈文波通过构建空间杜宾模型，在地理和经济两种不同的空间权重矩阵下发现地理位置相近的地区和经济发展程度相近的地区对彼此的环境规制政策互相产生影响，且两者间的影响呈正相关关系。陈真玲与金刚、沈坤荣从空间视角研究了影响城市发展的因素。陈真玲经过实证检验认为产业结构、技术水平与区域沟通对促进污染企业空间布局合理优化具有积极的影响，强调推动相邻城市就某一政策达成共识，区域间及时、有效沟通将促进城市产业结构转型与技术水平提升，同时加大相邻城市对称性环境规制政策的实施力度将有利于城市经济的发展。时乐乐、赵军基于我国 2002—2013 年的省级面板数据对环境规制与产业结构升级进行了研究，认为高强度环境规制的倒逼机制会推动产业结构升级。除建立空间计量模型外，肖汉雄将公众参与机制纳入环境规制，研究了公众主动参与与监督对环境规制实施的影响，认为其对污染产业的空间分布产生了一定的影响。

3. 环境规制对污染产业的效应研究

国内涉及环境规制政策的相关研究成果丰富，本节将从三个方面进行梳理：一是实施环境规制政策的合理性；二是环境规制政策的类型及发展；三是环境规制政策实施的效果评估及优化建议。

首先是关于实施环境规制政策合理性的研究。宋国君总结了我国大气污染防治政策体系及行政管理体制，指出当前防治工作重心已转为区域污染控制。唐德才的实证研究表明产业结构的变化对环境污染有不同的影响。在工业化进程中，不同地区主要根据自身实际和比较优势制定差异化的产业结构调整战略。陈雯、肖斌提出，排污许可证制度作为一种市场激励型的规制工具，降低了环境规制成本，可以促进企业的技术创新，提高企业的绩效。姚林如、王笑研究了环境税和交易排污许可证对社会福利的影响，结果显示，两种规制工具虽然对环境保护的影响存在差异，但都有助于减少污染物的排放，达到改善生态环境的效果。

其次是环境政策类型研究。赵玉民等将环境规制分为显性环境规制和隐性环境规制，其中显性环境规制又细分为命令控制型环境规制、激励型环境规制及自愿型环境规制。隐性环境规制主要指个人对环境保护的态度、观念、意识和看法，是一种无形的规制方式，个人主要通过学习、反思等形式形成环境保护意识。宋爽将环境规制分为三种，分别是费用型环境规制、投资型环境规制和公众参与型环境规制，认为这三种类型的规制方式有助于提高企业的投资意愿。刘艳丽从国内大环境出发，将环境规制分成命令型、市场型和自愿型三种类型，通过比较三种类型的环境规制的特点，证明良好的环境规制政策体系、较高的环境科技水平和较强的公众环境保护意识是实现我国生态环境保护的先决条件。蒋洪强等对我国现有的污染控制政策作了总体评估，认为环境污染控制政策、环境管理体制、环保职能部门之间有密切关系，目前已转向全过程污染控制和工、农、城全方位综合防治，控制手段由单一指令转向行政、经济与技术手段的综合。刘伯龙、竺乾威认为，当代中国环境政策变迁的动力主要来自政策设计理念、国际化影响、交易成本和制度创新，从政策地位、政策对象的行动、管理体制和政策主体等方面概括了环境政策演变的过程。张坤民从行政管理、法制建设、经济手段、公众意识、科技进步五个方面讨论了中国环境政策的演变，指出环境污染防治政策初步形成于 20 世纪 80 年代的"大政策"。沈满洪从经济、社会和环境的关系的角度指出中国环境政策的演变具有阶段性，即从"经济优先"阶段转变到"协调兼顾"阶段，再转变到"环境优先"阶段。

最后是环境规制政策实施的效果评估及优化建议。朱平芳和张征宇研究了我国 2007 年 23 个地级市的面板数据，认为各地政府部门通过环境规制的竞争吸引外商直接投资理论的成立需要具备一定的条件。叶林通过分析比较英、德、法、美、加拿大、日本、新加坡等国及中国香港地区的大气污染防治政策措施、组织制度和总结实施经验发现，虽然各国（地区）治理结构不同，但政策理念相同，即重视公众行动、完善法律法规体系和多方协同。安彦林在调整产业结构、增加环境保护投入、推动公共交通发展和城市园林绿化投入等方面提出了中国大气污染防治财税政策实施的方向。赵新峰以京津冀地区大气污染治理为例，指出区域政策不协调的原因在于区域经济发展不平衡、行政体制碎片化及联防联控机制不健全。赵霄伟利用 2004—2009 年地级市面板数据研究了地区间的环境规制对当地经济产生的影响，得出环境规制竞争对经济效益的影响存在明显的区域差异。李胜兰基于 1997—2010 年我国 30 个省（自治区、直辖市）的面板数据指出各省（自治区、直辖市）政府部门在制定环境政策方面存在相互模仿的行为，并得出 2003 年后各地方政府在环境规制政策的制定方面开始由模仿向独立转变。王宇澄利用 1996—2012 年我国省级面板数据研究了地方政府部门间的环境规制竞争与各地经济发展状况之间的关系，结果表明，地方政府部门间环境规制的竞争行为会随着地区经济的发展而变化。潘峰以政府规制利益集团理论中的施蒂格勒-佩尔兹曼（Stigler-Peltzman）模型为基础，结合我国的制度背景，建立了地方政府环境规制的均衡模型，并以环境规制的制定均衡为基准，重点研究了环境规制的实施均衡，分析了环境规制实施均衡的影响因素。张永安采用计量方法对 1988—2014 年中国大气污染防治政策数量、类型和发布机构情况进行了分析，发现政策制定"事后处理"、减排政策不完善、部分政策不协调等问题日益突显。王延杰指出京津冀地区大气污染治理中财政政策和金融政策不协同的问题，并从适应绿色发展的角度提出相应的建议。杜鹏生通过评析中国 2000 年以来的大气污染防治政策，发现存在单一化权威体制、执行力度弱、违法行为处罚力度小、监督和保障体系不完善、与经济政策脱节、公众参与度较低等问题，并提出了相应的建议。吴柳芬、洪大用认为雾霾治理政策的制定和实施是公众参与和政府主导共同作用的结果。程钰的研究发现，中国 2000—2013 年环境规制效率呈现递增态势，但还处于较低水平，且呈东高西低的空间格局。臧传琴认为政府部门必须创新监管政策，鼓励企业披露污染信息，以提高监管效率。李治从疏通公众诉求表达渠道、激励地方政府进行环境治理、建立问责和监督机制三个方面提出了城市环境治理路径。王杰等通过相关研究发现区域间环境法规和污染排放不仅取决于空间距离，还与区域经济发展水平和其他因素有关。

关于环境规制对污染产业的效应，主要从三个方面进行分析。一是环境规制对污染产业的经济效应。国内学者大多从实证的角度分析环境规制的经济效应，并得出与国外研究结果基本一致的结论。有些学者认为环境规制对重污染产业的发展具有正面效应，即适当的环境规制除了能够提高资源配置效率，还有利于激励企业进行技术创新，以此抵消实施环境规制所增加的生产成本。彭水军等将环境质量引入生产函数和效用函数，求解得出环境污染、资本积累和人力资本对经济长期增长起到了促进作用。许海萍通过建立方向性距离函数发现环境规制能够提升技术效率，可有效促进生态工业的发展。叶祥松利用 1999—2008 年我国省际面板数据得出环境规制地区间差异较大且环境规制与企业全要素生产率存在显著的正向关系的结论。黄茂兴和林寿富把资源环境作为特殊的生产要素，在构建五部门内生增长模型的基础上剖析了环境规制在促进经济增长中的作用，结果表明，环境政策对实现长期经济最优增长、提高环境承载力都起着关键作用。贺俊等在罗默（Romer）模型基础上分别将指标环境污染、环境质量纳入效用与生产函数，构造了包含环境约束的内生增长模型，考察了较高的环境标准和清洁技术对经济持续增长的影响。蒋为研究了环境规制的实施与制造企业全要素生产率的关系，认为环境规制的实施对提高企业的创新水平有着显著的效果。陶长琪基于1987—2007年28个省份的面板数据构建了环境规制和企业全要素生产率的面板回归模型，提出政府部门应制定合理的环境规制制度，以便于发挥环境规制对企业全要素生产率的提升作用。祁毓等基于2005—2012年中国省级面板数据将环境污染引入消费函数，建立了城镇化过程中能源消费、环境污染与经济增长相互作用的绿色增长模型，认为人力资本投入、能源消费对经济增长存在明显的正效应，而能源消费是污染物排放的主要原因，城镇化对污染物排放有一定抑制作用，且由于污染具有跨期外部性，污染程度与环境政策的设计和实施有关。史贝贝等认为环境规制可以通过多维污染物防控机制减少能耗物耗，改变产业结构，进而推动经济增长。肖红艳运用双重差分倾向得分匹配法（PSM - DID）实证分析了我国2002年推行的SO_2排污权交易试点制度对企业市场势力的影响，发现排污权交易的实施通过降低企业的生产成本明显提高了企业的市场势力，有利于改善社会福利水平。刘贝贝、周力通过分析中国重污染产业省际贸易数据发现东部地区因经济需求与环境规制合理搭配，环境规制与重污染产业省际净输出成正相关关系。有学者认为环境监管极大地促进了中国企业的生态创新。也有一些学者持相反的观点。李玉楠等以我国4个重污染密集产业为例，指出环境规制强度的提高会抑制重污染产业的发展。谢凡通过计算、分析中国重污染产业的利润发现环境规制抑制了重污染产业熊彼特利润的增长。宋爽运用莫兰指数和局部莫兰指数剖析了污染产业投资区位转移的空间路径，通过动态空间杜宾模型发现提高环境规制强度可以显著抑制污染产业投资。

还有一些学者认为在不同的外在因素影响下，环境规制的政策效果具有不确定性。王爱兰在企业"创新补偿"和"先动优势"的内外部因素研究中得出结论，认为对多种因素在对不同企业的影响上具有不均衡性，环境政策对企业生态科技创新水平的提升及企业竞争力的提高不一定具有促进作用。蒋伏心基于江苏省制造业的动态面板数据分析了环境规制对技术创新的双重效应，得出环境规制与企业全要素生产率成 U 形曲线关系，随着环境规制实施力度的加大，环境规制对全要素生产率的影响将由抵消效应向创新补偿效应转变。李斌以 2001—2010 年我国36 个工业行业数据为样本，采用面板门槛模型分析得出环境规制和企业全要素生产率之间不是简单的线性关系，且两者存在一定的门槛值，当低于这一门槛值时环境规制对企业全要素生产率的促进作用不显著，当达到门槛值且在合理范围内时环境规制对企业全要素生产率有明显的促进作用。郭妍对 1998—2012 年我国工业省际面板数据进行了分析，认为环境规制对企业的技术投入具有较大影响，对企业全要素生产率存在明显的创新补偿效应，但是这种效应大多被成本效应抵消。刘和旺利用 1999—2007 年的省际面板数据得出企业全要素生产率会随着地区环境规制的加强而提高，但是当环境规制提高到一定水平时，企业全要素生产率不升反降，即两者存在倒 U 形曲线关系。徐茉利用我国 1998—2015 年省际面板数据研究了双边环境规制与全要素生产率的关系，得出正式环境规制与全要素生产率成 U 形曲线关系。王幸福测算了煤炭产业生态效率，并运用向量自回归（VAR）模型对环境规制与煤炭产业生态效率的动态关系进行了分析，认为前者对后者在短期内有抑制作用，而从长期来看则有促进作用。有学者的研究表明环境监管可以抑制资源和不可再生能源的价格扭曲，减少低成本对能源和资源的过度消耗，并迫使企业和地方政府转变经济发展方式。

二是环境规制对污染产业的创新效应。国内学者关于环境规制政策影响企业技术创新行为的观点主要分为三大类。第一类观点支持"波特假说"，认为环境规制能够促进污染产业的技术创新。郭燕通过中国省级面板数据实证分析了环境规制对企业技术创新的影响，证实了环境规制对技术创新具有促进作用。颉茂华等通过重污染产业的面板数据证实"波特假说"成立，其实证结果表明环境规制促进研究与试验的经费投入，并推动企业经营绩效提升。李阳等基于价值链视角研究了环境规制与技术创新的关系，证实了环境规制与技术创新存在长期稳定的均衡关系，环境规制的加强有助于技术开发和技术转化能力的提升。张倩认为命令控制型、市场激励型环境规制均能有效促进绿色产品创新和绿色工艺创新。谢荣辉的研究发现"波特假说"的成立需要具备一定的条件。龙小宁、万威利用1998—2007 年中国制造企业数据，采用倍差法进行了实证分析，结果表明环境规制能够促进企业创新。李玲、夏晓华以重污染产业为例，将能源投入和环境污染纳入产业创新效率框架，经实证分析发现环境规制、研发投入均对重污染产业绿色技术创新有显著的正向影响。赵莉、薛钥等以"波特假说"为理论背景，基于中国污染密集型制造业面板数据建立回归模型，发现环境规制强度对污染密集型制造业的技术创新具有激励作用。李百兴等对环境监管对中国工业技术创新和绿色发展的影响进行了实证研究，发现当环境监管程度达到一定水平时，环境监管的负面影响将变得微不足道。

第二类观点支持反对说，即有少数学者认为环境规制的实施会在一定程度上增加企业的隐性成本和显性成本，不利于企业的技术研发和创新。解垩研究了环境规制对工业企业生产技术进步的影响，发现排放的减少使得企业生产技术进步程度下降。王国印等的研究表明，在我国中部地区，环境规制对即期和滞后一期的研发经费的影响不显著，对滞后二期和滞后三期的研发经费有抑制作用。傅强、陈雪娇对 1999—2009 年重庆市 22 个制造业的面板数据进行了分析，结果表明，产业结构对工业烟尘、SO_2 排放的影响有限，而政府执行环境政策的力度和技术进步对大气污染物治理的影响正在逐步显现。李平利用 2000—2010 年 29 个省（区、市）的面板数据就环境规制对技术创新的影响进行了实证分析，结果表明，环境规制在短期内对技术创新会产生阻碍作用，但从长期来看能够促进技术革新。廖进球等对环境规制和技术创新关系的实证研究结果表明，排污费对即期的专利申请数量具有反向抑制作用，对滞后三期的专利申请数量具有正向促进作用。屠洪星和肖旭发现，当经济总量较低时，环境规制会阻碍我国东、西部地区的自主创新，对东部地区的弹性影响较大。程宇运用对数平均迪氏指数（LMDI）分解方法将山东省工业化过程中的大气污染分解为技术效应、结构效应和规模效应，通过研究山东省污染密集型产业结构变化与大气环境影响的关系得出技术效率对大气污染控制的影响最显著。王文普建立了基于技术溢出的环境规制对技术创新投入溢出影响的理论模型，并通过分析全国省际数据证明相邻省份环境规制会对本省技术创新投入产生负向影响。谢凡运用生产率指数对重污染产业的绿色全要素生产率增长及其分解进行了测算，发现环境规制并没有明显推动重污染产业科技创新水平的提高。黄子芏运用 2007—2016 年 11 个污染密集型企业的面板数据，采用系统广义矩估计（GMM）法经实证研究发现，11 个污染密集型企业整体上呈现出环境规制挤压企业的研发投入的现象。叶琴等的研究表明，命令型环境规制工具在中部、东部、西部各地区对即期的技术创新影响均不显著，而市场型环境规制工具对各地区即期技术创新有抑制作用。有一些研究得出环境监管可能抑制创新投资的结论。

　　第三类观点支持不确定说，认为环境规制的创新效应因行业、地区、政策实施强度的不同而具有显著差异。张嫚认为环境规制形成的创新补偿效应取决于企业成本与创新收益二者的差额，所以环境规制的创新效应具有不确定性。余伟等通过研究环境规制、技术创新、企业经营绩效之间的关系得出环境规制能够促使企业加大研发投入，但引致效应还不够充分，尚无法促进工业企业经营绩效提升的结论。何兴邦收集了 334 家上市公司 2010—2014 年的数据，通过实证研究得出：总体而言，在我国环境规制对企业研发投入会产生促进作用，而且政治关联将强化这种影响。刘传江、赵晓梦从产业碳密集程度细分的视角将 36 个细分行业分为高、中、低碳密集产业，研究发现环境规制强度会对不同产业产生异质性影响。冯志军等研究发现不同类型的环境规制对我国经济绿色增长的影响具有区域差异。曾冰用数据包络分析（SBM）模型测度了我国各省绿色创新效率，研究结论为：整体而言，相邻区域正式环境规制不利于当地绿色创新效率的提升。王淑英研究的结论为：针对溢出效应而言，激励型环境规制不利于绿色工艺创新水平的提升，而命令型、公众参与型环境规制政策有利于绿色产品创新。殷秀清、张峰把环境规制对技术创新的作用分为直接效用与间接效用。直接效用是指提高环境规制强度易造成污染治理成本及环境保护投入增加，通过倒逼绿色工艺与技术的升级有助于技术创新水平的提升；间接效用是指环境规制可引发外商投资选择、人力成本、企业利润及企业发展模式的改变，导致企业技术创新成本发生差异化波动。宋瑛等构建了动态面板模型，通过研究发现，环境规制对装备制造业技术创新的影响仅在全国和东部地区呈现 U 形曲线特征，在中部地区具有抑制作用，而在经济相对落后的西部地区具有促进作用。欧阳等发现，环境监管对技术创新的影响在激励之前表现为抑制，环境调节与技术创新的关系可能因影响环境的因素不同而产生差异。

　　三是环境规制与污染产业转型。一种观点是环境规制对污染产业转型起积极的促进作用。肖兴志、李少林对环境规制影响产业转型升级的路径进行了分析，运用 GMM 法构建了动态模型，证明了规制的正向促进作用。李强认为环境规制有利于提高服务业在三次产业中的比重，优化产业结构。韩晶的研究发现环境规制对产业升级的作用受产业发展状况的影响。周灵认为环境规制政策主要通过影响企业的生产成本改变其生产行为，进而促进传统产业向绿色、低碳经济转型升级。原毅军认为环境规制可以推动产业结构调整和升级。王正明、赵静运用结构方程模型分析了环境规制对产业结构升级的影响路径，得出了环境规制通过技术发展水平、产业规模等中介变量间接影响产业结构调整的结论。

另一种观点是环境规制对污染产业转型起消极作用。薛伟贤和刘静认为我国环境规制的效率不够高、效果不够好，且地域之间存在较大差异。侯建、陈恒运用方向性距离（SBM-DDF）函数通过计算发现环境规制抑制制造业绿色转型。杨喆以山东省工业企业数据为研究样本，经实证研究发现强度较弱的环境规制对工业结构绿色转型并未起到有效的促进作用。张峰等通过构建动态面板数据计量模型经实证研究发现环境规制在短期内不利于制造业绿色发展，但从长期来看有利于发挥资源比较优势。齐亚伟采用 Tobit 模型经实证分析发现适宜且严格的环境规制能够显著提升工业企业的环境全要素生产率。申晨等运用数据包络分析（Super-SBM，超效率- SBM）模型经实证分析发现不同类型的环境规制对工业企业环境效率的作用效应存在差异。

也有大量文献将研究重点集中在环境规制对污染产业转型的倒 U 形作用上。沈能和刘凤朝将环境规制的技术创新效应分为对技术创新本身和对技术创新经济效应的影响两个方面，认为环境规制可以倒逼污染产业环保技术创新和被规制产业的清洁型发展，而技术创新加大了产业转轨或转产的可能性，促进了非污染产业的发展，验证了熊彼特的"创造性破坏"理论。颉茂华等分析了环境规制对现有企业及潜在进入企业决策的影响，研究表明，环境规制下的环保技术标准和节能减排给潜在进入者设置了壁垒，阻碍了企业的进入，影响了整体的产业结构。张红凤认为，环境规制只有达到一定的阈值才能抑制污染密集型产业的发展，只有进行严格的环境规制才能实现产业结构的调整。张成通过对省级工业企业的相关数据进行实证检验，得出不同区域环境规制对技术进步的影响存在差异，长期来看环境规制有助于实现环境保护与经济发展双赢局面的结论。李玲和陶锋研究发现环境规制对不同污染产业的绿色全要素生产率的影响存在差异，表现为对重污染产业绿色全要素生产率的提高具有促进作用，而对低、中度污染产业的绿色全要素生产率表现出先抑制后促进的作用。童健等通过分析工业行业面板数据得出环境规制与工业企业转型升级之间存在 J 形曲线关系，且不同区域的 J 形曲线拐点位置存在较大差异。徐晓红、汪侠测算了 2004—2016 年中国 30 个省份的绿色全要素生产率，并对其进行区域对比，通过设定期望产出与非期望产出证明高污染型"僵尸企业"存在的不合理性，提出应考虑采用具有区域差异性的环境规制手段，促进东、中、西部地区的产业结构实现转型升级。石风光利用绿色增长核算模型考察经济的持续增长时发现，环境规制对经济增长的作用不大，但对技术创新和节能减排的激励作用显著，可有效改善区域产业环境。郑加梅基于动态面板模型估计了环境规制程度对产业变迁的影响，结果显示，环境规制对产业导向不但起着直接的规制作用，还可以通过刺激企业技术创新引导产品乃至产业价值链攀升而对产业结构变迁起到正向的间接作用。董直庆和王辉基于中国 164 个地级市的面板数据实证检验了环境规制能否通过进入壁垒助推产业结构变迁，结果表明，在规制强度相对较低的阶段，环境规制对受规制行业没有明显的壁垒作用，经济结构的二级部门规模有进一步扩大的趋势，环境规制与企业进入存在负相关关系。

2.1.3 文献述评

通过对国内外相关文献进行回顾梳理可以发现，国外学者早在 20 世纪中后期就开始关注污染外部性、环境规制与产业分布演化，研究体系也比较完善。我国的相关研究虽起步较晚，但是在前人研究的基础上也取得了丰硕的成果，并且更加关注定量模型的引入和检验，基于国内不同层面的样本数据进行了不同形式和程度的验证，研究比较深入，且研究结论不拘泥于国外学者已有的观点。综上所述，已有研究为本书提供了丰富的支撑理论，但还存在一些问题有待进一步解决：第一，国外侧重于从地理学、公众治理等角度对污染问题进行全方位研究，国内则侧重于从经济学角度进行研究，研究方向相对单一，各个学科间的联系程度不高。第二，在研究环境规制及产业空间分布时，国内学者大多将目光集中在制造业等产业，针对污染企业的研究不多。第三，当前已有的研究大多将环境规制作为一个总体进行研究，鲜有研究从细分的环境规制角度对重污染产业绿色转型进行分析。第四，环境污染不仅有跨界污染的外部性，还有当代粗放式发展过度利用资源造成的代际污染的外部性，这将影响企业的生产成本。第五，大多数研究从中观和宏观的角度利用面板数据验证了环境规制与产业绿色转型的显著性或中介效应，但在微观层面的研究不够充分，特别是少有研究从博弈的角度讨论产业进行技术创新的选择与变化。第六，虽然诸多研究比较了不同环境规制工具作用效果的差异，但都没有强调选择规制工具的具体方法，且目标政策的实施强度、实施效果等均未体现。第七，污染外部性随时间的动态变化直接关系到产业空间分布的演变，而现有文献鲜有综合考虑时间和空间的异质性。

除此以外，学者们在环境污染与经济增长之间的关系、环境规制政策的理论演进、作用方式、带来的经济效应及环境规制对企业创新优势的作用路径、环境规制与产业分布演化的相互作用等方面取得了丰硕的研究成果，但是大多数研究关注的仅是污染外部性与产业分布演化、环境规制与经济增长、环境规制与产业结构升级两两之间的关系，鲜有研究将污染外部性、环境规制与产业空间分布演化三者整体联合进行研究。

本书将从一个新的角度出发，结合国内外学者的观点，探究污染的外部性、环境规制与产业空间分布演化三者之间的关系；考虑企业异质性且更符合现实的NNEG，融入 EEG 思想，进行多学科交叉，并将时空演化联系起来，探究污染外部性、环境规制时空异质性对产业空间分布演化影响的内在机制，为理解新常态下环境规制对产业空间经济效率与绿色绩效的作用提供理论依据，并通过实证分析有针对性地提出差异化的政策建议，助力重污染产业实现绿色转型、经济实现持续绿色增长。

2.2　概念界定及理论基础

为深入研究污染外部性、环境规制与产业空间分布演化三者之间的关系，本节首先进行概念界定，然后对相关理论进行阐述，在此基础上分析环境规制与产业空间分布演化的作用机理，从而为后文的研究奠定理论基础。

2.2.1　概念界定

1. 环境规制

（1）环境规制的概念

环境规制指政府制定并实施一系列强制措施，以对各种环境污染行为进行规制。环境规制的利益相关者包括政府部门、企业和公众。其中，政府部门负责制定相应的环保法律规章，以此作为环境规制活动过程的准则，对企业和公众的环保行为进行统筹管理。企业在生产经营活动中排放的污染物会对公众造成影响，而公众对政府部门和企业的环保行为发挥监督作用。环境规制的利益主体分析如图 2.1 所示。

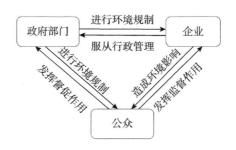

图 2.1　环境规制的利益主体分析

在已有的研究中，学者从不同角度对环境规制的内涵进行了界定。有学者从环境规制的产生、过程、目的的角度将环境规制定义为：由于环境污染的外部不经济性，社会成本与制造商成本存在差异，所以政府制定相应的政策措施调整制造商的经济活动，从而达到环境保护与经济发展相协调的目的。也有学者从政府平衡经济发展和环境保护的过程中所使用的工具、手段的角度将环境规制定义为：环境规制是政府部门为了将宏观的环境保护目标和微观的经济主体的切身利益结合起来所设计的一系列制度，这些制度成为其决策行为的传导机制，以保证上述两者利益的协调一致。以上学者对环境规制的定义都强调了环境规制是政府为了保护环境或协调环境与经济发展的矛盾而制定和执行相应的政策的过程。

（2）环境规制的特征

从时间角度来看，环境规制经过多年的发展演变，形成了一个比较清晰的发展脉络。20 世纪 60 年代以前，我国的环境规制主要是隐性环境规制，即以社会公众意识为主导，政府监管意识相对比较薄弱。20 世纪六七十年代，伴随着污染工业的兴起，"三废"（废水、废气和固体废弃物）等污染物导致环境质量下降。由于环境污染加重，隐性环境规制逐步发生转变，变为命令控制型环境规制。此时，环境规制由意识形态转向了具体的法律、条例等，从而更好地约束污染企业的排污行为。20 世纪 70—80 年代，国家提出了改革开放的重要历史性举措，环境规制除了简单的行政命令外，还引入了庇古等经济学家的思想，变得更加条理化。20 世纪 80 年代以后，国务院决定成立环境保护委员会，建立排污许可证制度，实行庇古税、环保奖励金等各项经济措施，促使市场这只"看不见的手"参与到环境规制政策实施的过程中。目前，我国的环境规制政策逐步趋向完善。

从空间角度来看，环境规制在各地区的实施力度均不同。按照东、中、西部三个地区划分，环境规制力度由强到弱依次是东部地区、中部地区、西部地区。

若分别以 2004 年和 2016 年为时间节点，可以发现 2004 年环境规制力度最强与最弱的地区分别是宁夏回族自治区和四川省，而 2016 年环境规制力度最强与最弱的地区分别是江西省和广东省。到目前为止，环境规制力度在各个省、区、市都处于不断加强的状态，加强的幅度又由于地区差异略有不同。不同时段全国各地环境规制力度变化如图 2.2 所示。

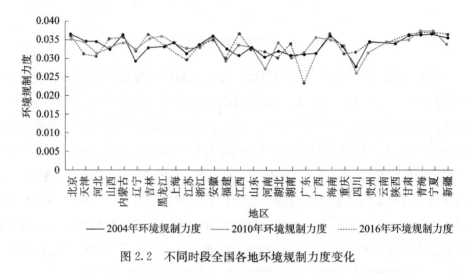

图 2.2　不同时段全国各地环境规制力度变化

由图 2.2 可知，2016 年环境规制力度整体比 2004 年加大。随着时空的演变，东部地区的环境规制力度呈现由升到降再到缓慢上升的变化趋势，中部和西部地区则一直呈现比较缓慢的增长趋势，且随着时间的推移，该趋势逐渐明朗化。

（3）环境规制的分类

学术界主要从实施主体、政府行为、政策适用范围及管制执行的严格程度等方面对环境规制政策进行分类，目前尚未形成统一的分类方式。本书通过对相关文献进行梳理，从环境规制的表现形式出发，结合现实中不同类型的环保行为，将环境规制分为以下三种类型：一是命令控制型环境规制，即以国家强制执行为保障，直接要求排污者按照相关法律、政策和制度采取环境保护措施。这种形式的环境规制政策因形式具体、操作简单在世界各国得到了广泛应用。例如，《中华人民共和国环境保护法》及地方性环保法规等都属于该类别。二是市场激励型环境规制，即政府部门对污染者的生产和排放行为不加限制，而是利用市场机制引导和鼓励污染者自觉减排，实现社会福利最大化，主要体现为污染者付费原则。目前，我国的排放税、可交易排放许可证和押金返还政策都属于这一类。三是自愿意识型环境规制，是由行业协会、企业或其他主体自愿签订和参与，以环境保护为目的的协议、承诺或计划。我国的信息公开机制、自愿环境协议等都属于这一类。不同类型的环境规制有其自身的优势与不足，其具体特征见表 2.1。

表 2.1　不同类型的环境规制对比

比较对象	规制类型		
	命令控制型 环境规制	市场激励型 环境规制	自愿意识型 环境规制
提出主体	行政部门	行政部门	行业协会、企业等
规制对象	所有个体和组织	所有个体和组织	以盈利为目的的企业
存在形式	有形的法律、规章、条例、协议、制度等		
环境改善效果	迅速、显著	不确定	不确定
运行成本	较高	较高	较低
创新激励程度	较低	较高	不确定
灵活性	污染者没有选择权	经济主体有一定的选择权	经济主体自愿参与
惩罚形式	法律、行政处罚	经济处罚	伦理道德的谴责
其他方面	刚性强	一定的柔性，有经济代价、政策时滞性	较大自主权

在环境规制的手段与涉及的内容不断丰富的过程中，可以看出环境规制的内涵不断发展。最初的环境规制主要是政府利用自身的强制力通过命令与控制的手段对企业的环境污染行为进行直接干预。这个阶段，政府是环境规制政策的制定者及执行者，企业和公众的参与度较低。之后，随着排污费、补贴、押金退款等经济刺激手段的引入，以及市场面排污许可证交易制度的建立，政府通过基于市场的经济刺激型手段起到环境规制的作用。20 世纪 90 年代以来，自愿意识型环境规制被纳入环境规制体系的范畴，表现为采用生态标签、环境认证、自愿协议等非强制性手段。到目前为止，人们普遍接受的环境规制手段有命令控制型手段、以市场为基础的经济刺激手段和自愿型环境规制手段。表 2.2 从规制主体、被规制者、规制内容、被规制者的自由度四个方面对这些环境规制手段进行了比较。

表 2.2　环境规制的分类及比较

环境规制手段	规制主体	被规制者	规制内容	被规制者的自由度
命令控制型手段	政府部门	企业	环境标准、排污许可证、禁令等	强制执行，企业的自由度最低
市场激励型手段	政府部门	企业	排污费、补贴、押金退款制度、排污权交易等	选择范围较大，企业可根据自身经济、技术情况选择对自身最有利的手段参加，自由度较大
自愿意识型手段	政府部门、企业或行业协会	企业	生态标签、环境认证、环保协议、环境管理体系（EMS）等	没有强制要求，企业自由度较大

2. 污染外部性

（1）污染外部性的概念

外部性是指存在于经济活动中，表现为私人边际产品与社会边际产品之间差异的非自愿溢出效应。外部性无论正负，都是由影响者强加进来的，而被影响者并未表示赞同或直接影响事件的发展走向。污染外部性是指企业在生产经营过程中，由于污染防治难度大、成本高，直接或间接产生大量环境污染物，进而对其他经济主体产生负面影响的现象。在这一过程中，企业的私人收益高于社会收益，企业的私人成本低于社会成本。

（2）污染外部性的特征

污染外部性的典型特征之一是假设经济主体为理性人，其在选择发展战略时，为了降低自身的成本，通常在时间维度上将污染的外部性留给后人，在空间维度上将污染的外部性转嫁给相邻的省份或地区，从而提高自身收益。污染外部性同时具备时间性质和空间性质。根据外部性理论，企业在生产过程中为实现利润最大化的目标无节制地消耗环境资源，产生大量污染物，却对其成本进行内部化，从而影响其他经济主体的活动。若污染物排放超标，超出生态循环系统的自净能力，将对环境造成极大破坏，导致环境状况恶化，进而威胁人类生存。科斯认为，企业是为了节约市场交易费用或交易成本而产生的，企业的本质特征是作为市场机制或价格机制的替代物。污染企业所消耗的环境资源是非排他性公共资源，公共资源在产权上没有明确的界定，但在使用上普遍存在竞争的现象，从而造成了严重的环境污染。

从时间角度来说，污染的外部性包括当代外部性及代际外部性。当代外部性指污染企业的行为给当时处于相同时间节点的社会公众带来不利影响。代际外部性指在资源稀缺的背景下，理性经济人将污染留给后人而导致污染在时间维度上的转移。代际外部性的产生意味着当代污染行为对后世产生不利影响。在当代经济主体对资源无节制利用的社会背景下，资源的有限性与稀缺性必将使前、后两代人在实现自身利益方面产生冲突。因此，如果环境污染物处理不到位，将引发前、后两代人的矛盾，对后代经济发展产生不利影响。

从空间角度来看，污染的外部性包括本地区污染外部性及跨界污染外部性。污染物通过空气传播、水传播等方式对相邻省份或地区产生负外部性。大多数工业污染企业在生产经营过程中会由于处理不当等在当地排放出大量的有害物质，且由于不能及时处理，给当地带来严重的环境负担。随着时间的推移，一些污染企业会因生产规模扩大、当地政策约束等因素将污染项目及生产所需的机械、设备、原料等转移到经济条件相对较差的地区。这类污染企业有较强的劳动力需求、较低的技术要求及较大的能源消耗需求。以经济发展为主的经济欠发达地区通常选择性忽略这类企业的污染对环境的影响，选择优先发展经济，从而导致污染的外部性在空间上形成转移。

（3）污染外部性的分类

污染外部性的分类见表 2.3。

表 2.3 污染外部性的分类

分类依据	类别	含义
影响效果	正外部性	正外部性（外部经济）是指一些人的生产或消费使另一些人受益而又无法向后者收费的现象
	负外部性	负外部性（外部不经济）是指一些人的生产或消费使另一些人受损而前者无法补偿后者的现象
产生时空	当代外部性	当代外部性是一种空间概念，主要是从即期考虑资源配置是否合理
	代际外部性	代际外部性主要指人类代与代之间行为的相互影响，尤其要消除前代对后代、当代对后代的不利影响

2.2.2 理论基础

1. 污染产业转移理论

产业转移是指在市场经济条件下，发达地区的部分企业顺应区域比较优势的变化，通过跨区域直接投资，把部分产业的生产转移到发展中地区进行，从而在产业的空间分布上表现出该产业由发达地区向发展中地区转移的现象。污染产业转移是产业转移的重要组成部分。一般产业转移主要受市场因素影响，如市场需求、劳动力成本、生产和运输成本、土地价格及对原材料的依赖度等，而污染产业转移除了受到市场因素的影响外，更多的是受到地方政府环境规制政策的推动。现有研究对产业转移的理解不同，部分学者主要分析生产要素如何在产业间转移，而多数学者则侧重于产业在空间上的演化。我国学者对产业转移（包括污染产业转移）的研究极其广泛，涉及产业转移的规律、影响因素、对转入地和转出地的影响等方面。

（1）"环境竞次"理论

"环境竞次"理论以"囚徒困境"的逻辑为研究基础，认为一个国家担心自己制定的较严厉的环境规制政策会增加产业环境成本，从而失去在国际竞争中的优势，出于对本国的经济发展和自身利益最优化的考虑，各国会制定力度较弱的环境规制政策，对环境监管采取忽视态度，而这一行为加快了全球生态环境的恶化。对于地方政府来说，为了更好地发展地区经济，其往往会在特定目标下适当地降低本地区的环境规制强度来吸引外来投资。同时，为了提高本地区的产业竞争力，地方政府会衡量周边地方政府的环境政策标准，在此基础上制定本地区的环境政策，由此形成地区"环境竞次"理论。该理论阐述了污染产业转移的主要原因：部分地区环境规制力度减弱，大量高污染产业集聚，在一定程度上使污染产业从环境规制强度高的地区转移到环境规制强度相对较低的地区，使得污染影响范围进一步扩大。

（2）产业区位理论

19 世纪至 20 世纪中叶，产业区位理论已初步形成。在这一时期，德国经济学家杜能提出的"孤立国家农业圈"理论为其他学者的研究奠定了坚实的基础。随后，经济学家韦伯（Alfred Weber）研究了德国的工业区位原材料和产品的运输成本，认为工业企业一般选择在发达地区从事经营活动。20 世纪中叶以后，产业区位理论迅速发展，形成成本学派理论、市场学派理论、成本市场学派理论、增长极理论、增长极延伸点轴理论和地理二元经济理论等。其中，与环境因素相关的理论主要包括以下两种。一是波特假说理论（Porter Hypothesis，PH）。该理论认为，适当的环境规制有助于倒逼企业进行绿色技术革新，从而提高企业的生产力，形成超过环境规制成本的"补偿性收益"，抵消由环境保护带来的成本增加，并提升企业的盈利能力。波特假说强调，环境规制可以通过"创新补偿"效应提高企业的生产效率和竞争力，实现环境保护与经济增长的双赢。根据环境规制对技术创新的激励程度和为企业带来绩效提升的水平，波特假说可以分为强波特假说、弱波特假说和狭隘波特假说。波特假说的反对者认为，环境规制的加强不会促使产业创新，相反，它会导致产业转移，避免环境规制造成生产成本增加。由于污染产业转移，环境规制法规只是名义上存在，在环境保护方面没有起到实际作用。二是要素禀赋理论。该理论是由瑞典经济学家赫克歇尔和贝蒂·俄林提出的。该理论认为各地区生产要素的价格差别决定了各地区同类产品的价格差别，进而形成各地区贸易的基础，而生产要素的价格差别是由要素相对存量决定的，所以应注重发展本地资源丰富的产业。

2. 产业绿色转型理论

随着全球性环境污染问题日益严峻，绿色经济已经成为新时代的必然趋势。绿色转型是近年来政府部门为解决日益突出的环境污染问题而提出的新的发展方向，主要为了应对经济可持续发展过程中资源与环境的约束，其理论与实证研究还处于探索阶段，尚未形成统一的定义。此处将国内关于产业绿色转型影响力较大的概念界定进行了归纳，见表2.4。

表 2.4　产业绿色转型概念界定

提出机构/学者	提出年份	定义
太原市人民代表大会常务委员会	2008	以生态文明建设为主导，以循环经济为基础，以绿色管理为保障，使发展模式向可持续发展转变，实现资源节约、环境友好、生态平衡，人、自然与社会和谐发展
黄海峰	2009	采用可持续的生产与消费模式，替代传统的资源密集型发展方式，从工业文明向生态文明转型，最终实现相关产业经济增长与资源消耗脱钩

提出机构/学者	提出年份	定义
刘纯彬、张晨	2009	立足于当前资源环境承载能力和经济社会发展水平，以绿色发展理念为指导，改变企业运营方式，同时政府加大监管力度，促进企业绿色生产，形成资源节约、环境友好的科学发展模式
中国社会科学院工业经济研究所课题组	2011	以生态文明建设为主导，以绿色创新为核心，加快工业向科学发展模式转变，实现兼顾经济效益与环境效益的绿色生产
工业和信息化部	2017	加快构建科技含量高、资源消耗低、环境污染少的产业结构和生产方式，培育发展新动能，实现绿色增长

由表 2.4 中的定义可知，绿色转型的核心是传统发展模式向科学发展模式转变，是由物质经济与资源节约相背离、经济发展与生态保护相割裂的发展模式向二者相互促进、相互融合的发展模式转变。因此，污染产业绿色转型是绿色发展背景下的战略转型，主要体现在两个方面：一是战略转型，从发展战略高度，通过绿色创新对传统发展模式进行变革；二是转型的绿色化，即以环境友好为出发点，追求可持续发展，最终实现经济增长与环境质量改善的双赢。

3. 产业空间分布演化理论

产业空间分布演化从时间与空间角度反映了区域内工业化的进程及产业组成结构的变化，既包括总体的经济规模变化，也包括经济体内产业分工和空间分布的变化，主要理论有增长极理论、中心—外围理论、"污染避难所"假说等。这些理论都体现了区域产业或经济发展的空间变化过程，将一个区域作为一个空间系统，把它划分为多个地理单元，不同地理单元之间产业发展水平、产业结构存在联系和差异。

（1）增长极理论

增长极理论由法国经济学家佩鲁于 1950 年首次提出，它被认为是西方区域经济学中经济区域观念的基石，是不平衡增长理论的依据之一。该理论认为，经济增长通常是从一个或数个"增长中心"逐渐向其他部门或地区传导，因此应选择特定的地理空间作为增长极，以带动经济发展。增长极理论对产业空间分布演化的影响主要表现为产业集聚，其基本要求为：将有限的资金与优势资源有差别地倾斜于发展前景较好或极具潜力的核心产业所在地，保证产业集群化、规模化发展，同时，不断带动核心区域周边资金、劳动力等大量资源的输入，补齐区域经

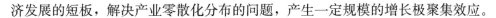

济发展的短板，解决产业零散化分布的问题，产生一定规模的增长极聚集效应。

（2）中心—外围理论

中心—外围理论是由阿根廷经济学家劳尔·普雷维什提出的一种理论模式，由两部分组成：一是生产结构同质性和多样化的"中心"；二是生产结构异质性和专业化的"外围"。前者主要由西方发达国家构成，后者则包括广大的发展中国家。"中心"与"外围"之间的结构性差异并不意味着它们是彼此独立存在的体系，恰恰相反，它们作为相互联系、互为条件的两极而存在，构成了一个统一、动态的世界经济体系。该理论认为，污染型产业由发达国家转入发展中国家，是产业空间分布演化的一种结果。发达国家基于本国经济发展及环境保护需要，将污染型产业转移至发展中国家，一定程度上对发展中国家的经济发展起到促进作用，但一定的经济增长并不足以弥补生态环境破坏造成的损失。

（3）"污染避难所"假说

"污染避难所"假说形成于 20 世纪 90 年代，该理论认为，随着经济、社会的发展，发达国家对环境质量的要求逐渐提高，必然会使高污染产业逐渐转移到环境规制力度较弱的发展中国家，因此发展中国家就沦为发达国家高污染产业的"避难所"。在自由贸易环境下，为降低生产成本，污染产业会从环境规制力度较强的国家或地区转移到环境规制力度较弱的国家或地区，从而使环境规制力度较弱的国家或地区的污染加剧。环境规制力度较弱的国家会倾向于进口污染密集型产品，而环境规制力度较强的国家则会倾向于出口污染密集型产品，环境规制力度较弱的国家通过承接转移的污染产业而成为"污染避难所"。环境规制的严格程度与污染转移成本成正比，根据比较优势理论，如果一国倾向于扩大生产具有成本优势的产品，污染产业就会由环境规制比较严格的国家转移至环境规制相对宽松的国家。

4. 利益相关者理论

利益相关者理论认为，环境规制产生于经济—社会—环境系统相互作用的过程中，环境系统涉及的利益主体主要有政府、公众和企业三类。在三大利益主体中，政府作为公共事务的管理者和公共利益的代理人承担着保护公众免受环境污染危害、引导和管理公众的环境相关行为及对企业进行环境规制的责任，但同时，政府要对经济发展进行宏观调控。处于不同发展阶段的国家有不同的环境保护与经济发展偏好，因此环境规制可以看作政府在经济发展与环境保护两者间寻找平衡点的手段。企业作为主要的排污单位，承受来自政府的环境规制和公众的环境保护压力，其生产活动受到制约。企业的主要目的是盈利，在经济活动过程中会因为污染物的排放对公众的生活质量和健康水平产生影响。在特定的环境下，企业也有可能通过与政府合谋的寻租手段减小环境规制的压力。公众为了使自身健康免受环境污染危害，一方面对政府的环境保护工作进行监督，影响政府的环境决策及其执行，另一方面还可以通过投诉、选择性购买、游说等手段对企业施加环境保护压力，约束企业的环境污染行为。公众对政府的环境保护监督及对企业的环境保护压力与公众的环境保护意识密切相关。经济社会系统与环境系统相互作用下环境规制的利益相关者分析如图 2.3 所示。

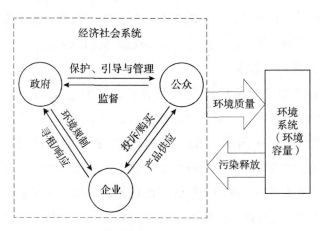

图 2.3　经济社会系统与环境系统相互作用下
环境规制的利益相关者分析

具体而言，环境规制涉及的直接主体包括规制机构（政策制定机构和执行机构）、被规制者（企业），它们之间在规制过程中的互动关系如图 2.4 所示。

从图 2.4 中可以看出，环境规制过程中的政府机构包括政策制定机构和政策执行机构，分别负责制定与环境规制相关的法律法规、标准、制度等和执行相应的政策，它们之间往往存在指导、监督、互动与反馈的关系。这两类政府部门对企业产生的影响也包括两部分：一是政策制定机构制定的环境政策对企业经济与环境决策行为可能产生的影响；二是政策执行机构在执行环境政策时的严格程度和力度对企业经济与环境决策行为产生的影响。这两部分影响共同构成了环境规制对企业产生的约束力，分别称为环境规制政策的约束和环境规制政策执行的约束。在评判一个地区的环境规制力度和效果时，需要分别考虑环境规制政策的约束和政策执行的约束（因为可能存在政策的约束和政策执行的约束不一致的情况，如某些地区政策的约束比较严格，但执行的力度很弱，就会导致环境规制的整体效果不好），这有利于提出更加具有针对性和有效的环境规制政策建议。

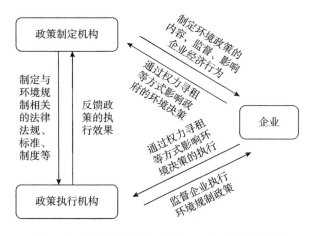

图 2.4　环境规制过程中各直接主体的互动关系

2.2.3　机理研究

1. 环境规制影响产业分布的机理研究

目前，在环境规制强度对经济发展过程中各项活动的影响的研究中，关于环境规制强度的差异对我国产业发展与分布的影响的研究较少，本章主要围绕这一问题展开探究。

产业的分布可以通过产业产值在地区间的分布加以反映，如某一产业在某地的产值占该产业全国总产值的比重上升，则认为该产业向该地集聚。因此，可以通过分析某产业产值占该产业全国总产值的比重的变化研究环境规制对产业分布的影响。

环境规制可以通过以下路径影响产业规模，进而影响产业的分布：环境规制强度的变化通过影响企业环境保护相关的投入影响企业的成本，从而在其他条件不变的情况下影响企业的经营状况，进而影响产业的投资方向和规模。在一定时期内，若由于环境规制强度提高，某产业产值占该产业全国总产值的比重增加，则说明环境规制对产业的发展起到促进作用；若环境规制强度提高造成某产业产值占比减少，则说明环境规制对产业的发展起到抑制作用，如图 2.5 所示。

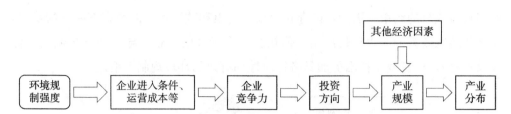

图 2.5　环境规制影响产业分布的路径

2. 环境规制对污染产业绿色转型的影响机制研究

环境规制对产业绿色转型的作用和传导机制是通过直接效应和间接效应实现的。直接效应主要取决于环境规制对产业的环保成本效应与优胜劣汰效应之间的权衡，而技术创新对环境规制与产业绿色水平的间接调节效应主要是通过遵循成本假说的投资挤出效应和遵循波特假说的创新补偿效应实现的。

（1）环境规制对污染产业绿色转型的直接影响机制

在环境规制强度较低的情况下，产业将面临环保成本上升、生产率下降的困境。但是当环保约束力较小时，会在一定程度上刺激粗放的生产和消费，使行业的绿色水平下降，环保成本增加。具体来说，在环境规制的情况下，污染企业应承担生产过程中环境污染的社会成本，即缴纳环境保护税，从而限制企业的污染排放。同时，企业需要购买环保设备或采用清洁技术，这会增加企业的生产成本，进而导致生产率下降。

随着环境监管力度的加大，环境标准和监管更加严格，将直接影响污染产业的投资和进出口决策，最终产业转向绿色发展，产业的绿色化水平上升，形成优胜劣汰的机制。一方面，实施严格的环保法规相当于设置了绿色准入壁垒，这将抑制现有产业的扩张，使得小而散、乱而污染的产业关停，淘汰低效落后的产能。同时，想要进入该行业的企业也因环境成本的提高而慎重考虑，在一定程度上减少了现有企业面临的激烈竞争。另一方面，任何政策都是奖惩相结合的，政府在重点整治污染企业的同时还将为清洁、高效企业提供金融和产业政策支持，使其获得绿色发展的比较优势，吸引绿色金融资本、技术人才等。先进的管理流程和其他生产要素流向这些企业，促进企业开展绿色生产，最终实现重污染产业的绿色转型。因此，在环境保护成本效应与适者生存效应的共同作用下，环境规制的强度与产业绿色水平呈 U 形曲线关系，即产业绿色水平随环境规制强度的提高先降低后升高。

（2）环境规制对污染产业绿色转型的间接影响机制

遵循成本假说认为，在企业运营资金固定的情况下，环境规制将迫使企业增加环保成本，相对挤压研发投资，使企业创新缺乏资金支持，难以取得重大突破。在短期静态条件下，企业已根据市场需求及自身规模作出了成本最小化的生产规划，这时政府实施环境规制会使企业环境治理成本上升、利润空间变小，导致企业生产性投资和技术创新投入下降，从而抑制了生产率的提高。对于资金匮乏的中小企业来说，投资挤出效应更大。波特假说认为，合理、有效的环境规制将激励企业进行技术创新，提高企业单位时间的产值，使其获得相对优势，增强市场竞争力。在长期动态条件下，面对环境规制的约束，企业将主要考虑长期利益，增加新设备和研发方面的投资，开展治污减排技术创新活动，改进工艺流程，选择和采用更先进的开采、生产、治污技术和设备，优化组织结构和管理体系，生产更清洁的产品，减少污染产生，降低排放水平，同时降低单位产品的生产成本，提高生产效率。通过创新补偿效应，减弱企业的投资挤出效应，实现企业的可持续发展。

随着环境规制强度的变化，环境规制的创新补偿效应往往滞后于投资挤出效应。短期内，企业难以控制环境规制带来的成本增加，难以进行技术创新。随着时间的推移，面对环境成本和同行的竞争压力，为了提高利润和保持长期竞争力，企业会加大减排技术的研发投入，通过创新提高生产率，抵消增加的环境成本，从而抵消挤出效应。因此，在投资挤出效应和创新补偿效应的共同作用下，技术创新的调节效应表现为先降低后升高的U形曲线。环境规制对重污染产业绿色转型的作用机理如图2.6所示。

3. 环境规制的全过程分析

对环境规制的整个过程进行剖析，可以了解环境规制各个环节的具体情况（图2.6）。

首先，从环境规制的起点看，政府和有关部门制定环境保护法律法规，出台相应的环境保护政策、标准，这些法律法规、政策、标准作为整个环境规制活动过程的准则和依据，其内容的广泛程度和严格程度反映了环境规制的严格程度。

其次，环境规制政策出台后还需由执行机构执行，因此环境规制制定后便是其执行过程。其执行过程是由环保执行机构落实环境规制政策等的过程。由环境规制的内涵可知，环境规制执行过程与企业的活动密不可分，没有企业的参与和配合，

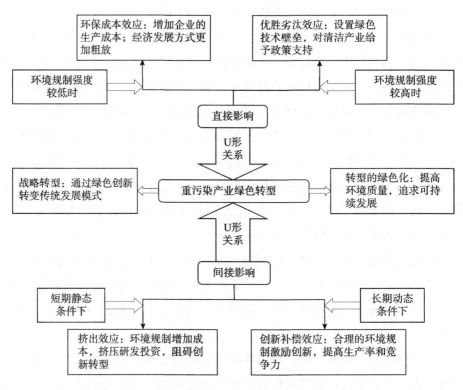

图 2.6　环境规制对重污染产业绿色转型的作用机理

环境规制政策就难以落到实处。因此，本书借助企业活动的全生命周期剖析政府对企业活动的环境规制执行过程。在企业项目的建设过程中，在项目立项阶段，环保部门审批企业的环境影响评价报告；在项目建设过程中，企业按要求购置并安装相应的污染处理设施设备，并在项目验收阶段进行验收。项目建成后是企业的生产过程，在这个过程中，企业受到的环境规制主要是污染排放方面的限制。企业根据污染排放标准的严格程度及环保执行机构执行的严格程度调整自身在生产过程中的产污强度、在污染治理过程中的技术水平和投入。因此，环境规制的执行过程与企业的项目建设、生产运行和污染治理过程密切相关，在这个过程中，环保执行机构执行的严格程度直接影响着企业对环境保护法律法规和标准等的响应程度，因此可以用企业对环境规制政策的响应情况反映政府环境规制执行的严格程度。

综上，通过对环境规制全过程的分析可知，环境规制的严格程度可由政策、法规等制定及执行过程的严格程度反映。其中，环境规制政策、法规等的严格程度可以从相应政策、法规的数量和要求的严格程度两方面反映，代表环境规制内容的广度和深度；环境规制执行过程的严格程度可以通过企业遵循环境保护制度和标准的程度反映。

环境规制的全过程分析如图 2.7 所示。

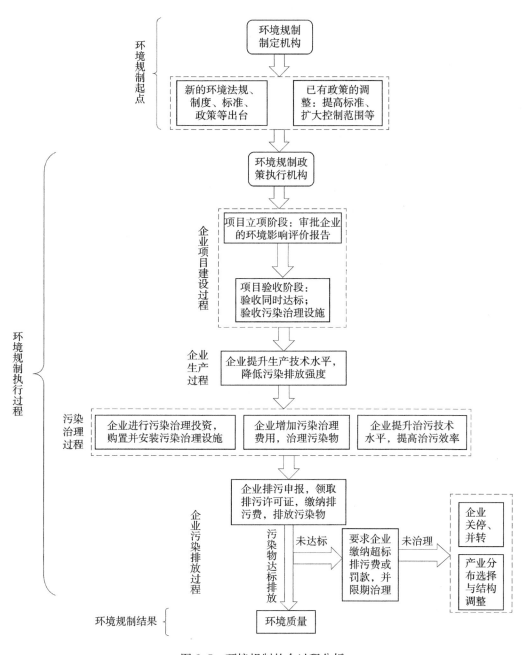

图 2.7　环境规制的全过程分析

4. 污染的外部性、环境规制与产业空间分布演化机理分析

随着污染外部性的不断加深，污染的代际外部性和跨界外部性也在时间和空间范畴内对环境规制产生了影响。污染外部性属于市场失灵的情况，需要政府调控解决。面对环境污染问题，政府调控的手段之一是环境规制，通过行政手段、经济手段及法律手段在不同程度上影响污染产业的行为。环境规制在一定程度上会对污染物排放形成制约，随着污染物的不断累积，环境规制政策也相应地进行调整。在资源有限、生产要素流动机制不成熟的条件下，不同区域内产业的生产技术、工艺水平、生产设备等发展不平衡。对于污染产业来说，解决污染带来的环境问题需要投入巨额环境成本。当环境成本高于污染产业转移到经济欠发达地区的转移成本时，企业将面临产业转移的选择，产业空间分布会发生演化，产业由高污染、强环境规制、高环境成本的经济发达地区转移至低污染、弱环境规制、低环境成本的经济欠发达地区，污染产业达到谋求经济利益最大化的目标。力度较强的环境规制政策会提高该地区相关产业的准入门槛，限制相关产业的转入。污染的外部性、环境规制与产业空间分布演化间的机理如图 2.8 所示。

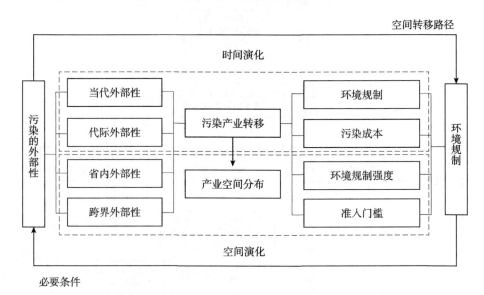

图 2.8　污染的外部性、环境规制与产业空间分布演化的机理

本书以纳入企业异质性的更符合现实的 NNEG 为基础，结合 EEG，从渐进演化视角解析经济活动空间异质性的思想，将时间演化与空间演化建立内在联系。

污染外部性的时空异质决定了环境规制的时空异质，又会改变区域、产业及企业对资源和要素的控制能力，进而使产业空间分布进一步演化。本章在分析污染外部性与环境规制的时空演化基础上，从理论层面分析正负外部性、环境规制的时空异质影响产业空间演化的原因、机制及发展趋势，为后续的研究提供理论基础。

第3章 地方政府环境规制、污染产业与公众的演化博弈分析

从经济学的角度来看，利用博弈论的方法可以直观、有效地分析环境问题。环境问题在一定程度上会影响经济的发展，进而影响社会的整体利益和公众自身的利益。同时，环境具有公共性，政府有保护环境的权力和义务。根据理性人假设，利益相关者会追求自身利益最大化，如果政府忽视环境的监管，污染产业往往不会积极投入人力资源、资金治理环境，从而导致环境治理过程中的多方博弈。

因此，本章以政府、企业和公众三者为研究对象，从环境规制视角出发，构建政府、企业和公众三者之间的演化博弈模型，建立三个主体的复制动态方程，得到不同情况下政府、企业和公众的演化稳定策略，再通过演化仿真分析研究影响三个主体最终策略选择的因素。实证检验结果表明：政府是否选择监管策略受企业技术革新概率大小的影响，且政府监管概率与监管成本成负相关关系，与名誉收益、企业上缴的罚款及由政府监管不力导致的社会损失成正相关关系；企业是否选择技术革新策略受政府监管概率大小的影响，且企业技术革新概率与技术革新成本成负相关关系，与企业不进行技术革新的成本、企业对公众的赔偿、政府对企业的罚款及公众好感度降低造成的损失成正相关关系；公众是否选择监督策略受政府态度的影响，并且公众的监督概率与监督成本成负相关关系，与企业对公众的赔偿、政府对公众的奖励成正相关关系。厘清政府、企业及公众三方博弈主体的行为关系对实现我国经济高质量发展具有一定的现实意义。

3.1 模型的基本假设

本章选择构建三方参与主体演化博弈模型对政府、企业与公众的行为选择进行探究的原因有两点：一是从经济学工具角度出发，解决主体行为选择问题的直

观、有效的方法是构建演化博弈模型；二是出于利益最大化考虑，企业的成本和收益是企业行为选择的前提条件，除此以外，企业的成本和收益还受到政府行为、公众偏好等多方面因素的影响。企业的经营活动不仅涉及企业自身，还涉及政府、公众等多个主体，参与主体相互影响，其中影响最大的主体是政府与公众，因此需要考虑政府、公众两方主体对企业行为选择的影响。

根据政府、企业及公众三方参与主体的实际情况作出以下假设。

假设 1：假设模型的各参与主体都是理性人。

假设 2：在演化博弈模型中，每个参与主体各有两种策略可以选择：政府的策略选择集为｛监管，不监管｝；企业的策略选择集为｛技术革新，传统技术｝；公众的策略选择集为｛监督，不监督｝。

假设 3：在环境规制下，政府对企业监管的成本为 C_g；政府监管有效得到的名誉收益为 B_g；企业不进行技术革新，导致环境污染时，对企业的罚款为 B_m；政府对企业污染行为选择不监管时导致的社会损失为 B_s。

假设 4：企业的净收益为 R，企业进行技术革新所需成本为 C_1，继续沿用传统技术的成本为 C_2，且 $C_1 > C_2$；企业使用传统技术导致环境污染，使公众的利益受到损失，公众对企业的好感度降低，从而给企业造成的损失为 B_r；在政府监管条件下，企业因环境污染行为对公众的赔偿为 B_o。

假设 5：公众选择监督策略的成本为 C_p，公众因监督得到的政府奖励为 M，企业不进行技术革新而导致环境污染时公众的损失为 K。

假设 6：政府选择监管策略的概率为 x，选择不监管策略的概率为 $1-x$；企业选择技术革新策略的概率为 y，选择传统技术策略的概率为 $1-y$；公众选择监督策略的概率为 z，选择不监督策略的概率为 $1-z$；$0 \leqslant x \leqslant 1$，$0 \leqslant y \leqslant 1$，$0 \leqslant z \leqslant 1$。

相关参数符号及其含义说明见表 3.1。

表 3.1　相关参数符号及其含义说明

参数符号	参数说明	参数符号	参数说明
C_g	政府监管成本	B_m	企业采用传统技术导致环境污染时的罚款
C_o	政府治理污染的成本（企业不进行技术革新）	R	企业的净收益
B_g	政府因监管有效得到的名誉收益	C_1	企业技术革新的成本
B_s	政府因不监管导致的社会损失	C_2	企业使用传统技术的成本

续表

参数符号	参数说明	参数符号	参数说明
B_r	企业使用传统技术导致环境污染而使公众好感度下降造成的损失	M	公众监督得到的政府奖励
B_o	政府监管条件下公众监督投诉时企业因环境污染行为对公众的赔偿	x	政府选择监管的概率
C_p	公众监督的成本	y	企业选择技术革新的概率
K	公众的损失（企业使用传统技术导致环境污染时对公众的影响）	z	公众选择监督的概率

3.2　模型的构建

由上述假设可知，三方参与主体之间的博弈共有八种不同的策略选择：｛监管 a_1，技术革新 b_1，监督 c_1｝、｛监管 a_2，技术革新 b_2，不监督 c_2｝、｛监管 a_3，传统技术 b_3，监督 c_3｝、｛监管 a_4，传统技术 b_4，不监督 c_4｝、｛不监管 a_5，技术革新 b_5，监督 c_5｝、｛不监管 a_6，技术革新 b_6，不监督 c_6｝、｛不监管 a_7，传统技术 b_7，监督 c_7｝、｛不监管 a_8，传统技术 b_8，不监督 c_8｝。由此构建的三方参与主体的博弈策略组合矩阵见表3.2。

表3.2　政府、企业与公众三方博弈策略组合矩阵

企业	政府监管		政府不监管	
	公众监督	公众不监督	公众监督	公众不监督
技术革新	$(a_1，b_1，c_1)$	$(a_2，b_2，c_2)$	$(a_5，b_5，c_5)$	$(a_6，b_6，c_6)$
传统技术	$(a_3，b_3，c_3)$	$(a_4，b_4，c_4)$	$(a_7，b_7，c_7)$	$(a_8，b_8，c_8)$

由表3.1中的参数定义及表3.2中三方参与主体的博弈策略组合，可以得到政府、企业与公众在不同策略选择下的收益函数，见表3.3。

表3.3　政府、企业与公众的三方博弈策略收益函数

策略组合	政府收益	企业收益	公众收益
$(a_1，b_1，c_1)$	$-C_g-M$	$R-C_1$	$M-C_p$
$(a_2，b_2，c_2)$	$-C_g$	$R-C_1$	0

续表

策略组合	政府收益	企业收益	公众收益
(a_3, b_3, c_3)	$B_g+B_m-C_g-C_0-M$	$R-C_2-B_m-B_o-B_r$	$M+B_o-K-C_p$
(a_4, b_4, c_4)	$B_g+B_m-C_g-C_0$	$R-C_2-B_m-B_r$	$-K$
(a_5, b_5, c_5)	$-M$	$R-C_1$	$M-C_p$
(a_6, b_6, c_6)	0	$R-C_1$	0
(a_7, b_7, c_7)	$-B_g-B_s-C_0-M$	$R-C_2-B_r$	$M-K-C_p$
(a_8, b_8, c_8)	$-B_g-B_s-C_0$	$R-C_2-B_r$	$-K$

3.2.1　政府的综合分析

1. 政府收益期望函数

用 U_{x1} 表示政府选择监管企业行为的期望收益，用 U_{x2} 表示政府选择不监管企业行为的期望收益，进而得出政府的平均收益 $\overline{U}_x$。

$$U_{x1} = yz(-C_g-M)+y(1-z)(-C_g)+(1-y)z(B_g+B_m-C_g-C_0-M)+$$
$$(1-y)(1-z)(B_g+B_m-C_g-C_0) \tag{3.1}$$

$$U_{x2} = yz(-M)+(1-y)z(-B_g-B_s-C_0-M)+(1-y)(1-z)$$
$$(-B_g-B_s-C_0) \tag{3.2}$$

$$\overline{U}_x = xU_{x1}+(1-x)U_{x2} \tag{3.3}$$

2. 政府的复制动态方程

根据相关演化博弈理论，由式（3.1）～式（3.3）可得政府行为策略的复制动态方程为

$$F(x) = \frac{\mathrm{d}x}{\mathrm{d}t} = x(U_{x1}-\overline{U}_x) = x(1-x)(U_{x1}-U_{x2})$$
$$= x(1-x)\big[(2B_g+B_m+B_s-C_g)-y(2B_g+B_m+B_s)\big] \tag{3.4}$$

对政府的演化稳定策略进行分析。令 $F(x)=0$，则可得出以下结论：

1）若 $y_0 = \dfrac{2B_g+B_m+B_s-C_g}{2B_g+B_m+B_s}$，此时 $F(x)\equiv0$，无论 x 取何值，博弈均为稳定状态。这表明无论政府选择何种策略及其参与监管的比例如何，政府的策略都不会随时间发生改变。

2）若 $y\neq y_0$ 时，令 $F(x)=0$，则可得 $x=0$，$x=1$ 是两个稳定状态。$x=0$，说明政府如果选择不监管企业进行技术革新这个策略，只要不出现使政府改变策

略的突变条件，政府的策略选择就会处于不监管企业进行技术革新的稳定状态；反之，$x=1$ 时，说明政府如果选择监管企业进行技术革新这个策略，只要不出现使政府改变策略的突变条件，政府的策略选择就会处于监管企业进行技术革新的稳定状态。

对 $F(x)$ 求导，可知

$$\frac{dF(x)}{dx} = (1-2x)[(2B_g + B_m + B_s - C_g) - y(2B_g + B_m + B_s)] \quad (3.5)$$

根据演化稳定策略的性质可知，演化策略达到稳定状态的条件为 $\frac{dF(x)}{dx} < 0$，以下针对不同情况进行分析：

①当 $y > y_0$ 时，$\frac{dF(x)}{dx}\Big|_{x=1} > 0$，$\frac{dF(x)}{dx}\Big|_{x=0} < 0$，此时 $x=0$ 处于演化稳定状态，政府倾向于选择不监管企业的行为选择。

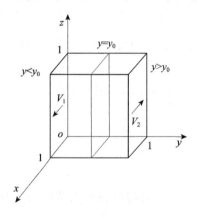

②当 $y < y_0$ 时，$\frac{dF(x)}{dx}\Big|_{x=1} < 0$，$\frac{dF(x)}{dx}\Big|_{x=0} > 0$，此时 $x=1$ 处于演化稳定状态，政府倾向于选择监管企业进行技术革新。

政府行为选择策略的演化过程如图 3.1 所示。

可以得到以下两个结论：

1）当企业选择技术革新的概率 $y < y_0$ 时，政府策略选择状态处于空间 V_1，$x=1$ 是均衡点，即此时政府选择监管。

2）当企业选择技术革新的概率 $y > y_0$ 时，政府策略选择状态处于空间 V_2，$x=0$ 是均衡

图 3.1　政府行为选择策略的演化过程

点，即此时政府选择不监管。

综上可知，企业选择技术革新的概率 y 影响政府的策略选择。

3. 参数分析

$y_0 = \dfrac{2B_g + B_m + B_s - C_g}{2B_g + B_m + B_s} = 1 - \dfrac{C_g}{2B_g + B_m + B_s}$，由图 3.1 可知，在其他参数保持不变的情况下，当 C_g 增大时，y_0 逐渐减小，图 3.1 中的截面 $y=y_0$ 左移，即 V_1 的体积随着 C_g 的增大而减小。也就是说，监管的成本越高，政府监管的概率

越小，其趋向于选择不监管策略的概率越大。

当 B_g、B_m、B_s 增大时，y_0 增大，截面 $y = y_0$ 右移，即 V_1 的体积随着 B_g、B_m、B_s 的增大而逐渐增大。也就是说，随着政府因监管有效得到的名誉收益、政府对企业的罚款、政府因不监管导致的社会损失增加，政府选择监管策略的概率变大，政府选择不监管策略的概率变小。

4. 演化结果分析

综上可知，政府是否选择监管企业进行技术革新主要受监管成本、政府的名誉收益、政府对企业的罚款、政府因不监管导致的社会损失等因素的影响。该结果符合我国一些地区的发展现状，即以牺牲环境为代价追求经济的短期增长，而放弃了有利于可持续发展的长远利益。

3.2.2　企业的综合分析

1. 企业收益期望函数

用 U_{y1} 表示企业选择技术革新策略的期望收益，用 U_{y2} 表示企业选择不进行技术革新的期望收益，进而得出企业的平均收益 $\overline{U}_y$。

$$U_{y1} = xz(R - C_1) + x(1-z)(R - C_1) + (1-x)z(R - C_1) +$$
$$(1-x)(1-z)(R - C_1) \tag{3.6}$$

$$U_{y2} = xz(R - C_2 - B_m - B_o - B_r) + x(1-z)(R - C_2 - B_m - B_r) +$$
$$(1-x)z(R - C_2 - B_r) + (1-x)(1-z)(R - C_2 - B_r) \tag{3.7}$$

$$\overline{U}_y = yU_{y1} + (1-y)U_{y2} \tag{3.8}$$

2. 企业的复制动态方程

根据相关演化博弈理论，由式（3.6）～式（3.8）可得企业行为策略的复制动态方程为

$$F(y) = \frac{dy}{dt} = y(U_{y1} - \overline{U}_y) = y(1-y)(U_{y1} - U_{y2})$$
$$= y(1-y)[x(B_o z + B_m) + B_r + C_2 - C_1] \tag{3.9}$$

对企业的演化稳定策略进行分析。令 $F(y) = 0$，则可得出以下结论：

1) 若 $x_0 = \dfrac{C_1 - C_2 - B_r}{B_o z + B_m}$，此时 $F(y) \equiv 0$，无论 y 取何值，博弈均为稳定状态。这表明无论企业选择何种策略及企业选择技术革新的比例如何，企业的策略都不

会随时间发生改变。

2）若 $x \neq x_0$ 时，令 $F(y) = 0$，则可得 $y = 0$，$y = 1$ 是两个稳定状态。$y = 0$ 说明企业如果选择使用传统技术，不进行技术革新，只要不出现使企业改变策略的突变条件，企业的策略选择就会处于使用传统技术的稳定状态；反之，$y = 1$ 时，说明企业如果选择进行技术革新，只要不出现使企业改变策略的突变条件，企业的策略选择就会处于进行技术革新的稳定状态。

对 $F(y)$ 求导，可知

$$\frac{\mathrm{d}F(y)}{\mathrm{d}y} = (1 - 2y)\left[x(B_o z + B_m) + B_r + C_2 - C_1\right] \tag{3.10}$$

根据演化稳定策略的性质可知，达到演化稳定状态的条件为 $\dfrac{\mathrm{d}F(y)}{\mathrm{d}y} < 0$，以下针对不同情况进行分析：

①当 $x > x_0$ 时，$\dfrac{\mathrm{d}F(y)}{\mathrm{d}y}\Big|_{y=1} < 0$，$\dfrac{\mathrm{d}F(y)}{\mathrm{d}y}\Big|_{y=0} > 0$，此时 $y = 1$ 处于演化稳定状态，企业更愿意进行技术革新。

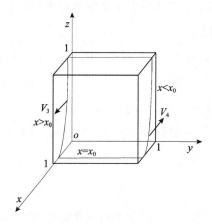

图 3.2　企业行为选择
策略的演化过程

② 当 $x < x_0$ 时，$\dfrac{\mathrm{d}F(y)}{\mathrm{d}y}\Big|_{y=1} > 0$，$\dfrac{\mathrm{d}F(y)}{\mathrm{d}y}\Big|_{y=0} < 0$，此时 $y = 0$ 处于演化稳定状态，企业更愿意采用传统技术，不愿意进行技术革新。

企业行为选择策略的演化过程如图 3.2 所示。

可以得出以下两个结论：

1）当政府选择监管的概率 $x > x_0$ 时，企业策略选择状态处于空间 V_3，$y = 1$ 是均衡点，此时企业愿意进行技术革新。

2）当政府选择监管的概率 $x < x_0$ 时，企业策略选择状态处于空间 V_4，$y = 0$ 是均衡点，此时企业不愿意进行技术革新。

综上可知，政府的监管概率 x 影响企业的策略选择。

3. 参数分析

$x_0 = \dfrac{C_1 - C_2 - B_r}{B_o z + B_m}$，由图 3.2 可知，在其他参数保持不变的情况下，当 C_1 增大时，x_0 增大，V_3 的体积变小，即 V_3 的体积随着 C_1 的增大而减小。也就是说，企业进行技术革新的成本越高，企业进行技术革新的意愿就越低，企业更愿意采用传统技术，不进行技术革新。

当 B_o、B_m、B_r、C_2 增大时，x_0 减小，V_3 的体积变大，即 V_3 的体积随着 B_o、B_m、B_r、C_2 的增大而逐渐增大。也就是说，企业进行技术革新的概率随着企业继续使用传统技术导致环境污染时对公众的赔偿、政府对企业的罚款、公众好感度降低造成的损失、企业使用传统技术成本的增加而增大，则 V_4 的体积减小，即企业选择不进行技术革新的概率变小。

3.2.3　公众的综合分析

1. 公众收益期望函数

用 U_{z1} 表示公众选择监督策略的期望收益，用 U_{z2} 表示公众选择不监督策略的期望收益，进而得出公众的平均收益 $\overline{U}_z$。

$$U_{z1} = xy(M - C_p) + x(1-y)(M + B_o - C_p - K) +$$
$$(1-x)y(M - C_p) + (1-x)(1-y)(M - C_p - K) \qquad (3.11)$$

$$U_{z2} = x(1-y)(-K) + (1-x)(1-y)(-K) \qquad (3.12)$$

$$\overline{U}_z = zU_{z1} + (1-z)U_{z2} \qquad (3.13)$$

2. 公众的复制动态方程

根据相关演化博弈理论，由式（3.11）～式（3.13）可以得到公众行为策略的复制动态方程为

$$F(z) = \frac{\mathrm{d}z}{\mathrm{d}t} = z(U_{z1} - \overline{U}_z) = z(1-z)(U_{z1} - U_{z2})$$
$$= z(1-z)[x(1-y)B_o + M - C_p] \qquad (3.14)$$

对企业的演化稳定策略进行分析。令 $F(z) = 0$，则可得出以下结论：

1）若 $x_0 = \dfrac{C_p - M}{B_o(1-y)}$，此时 $F(z) \equiv 0$，无论 z 取何值，博弈均为稳定状态。这表明无论公众选择何种策略及选择监督策略的比例如何，公众的策略都不会随时间发生改变。

2) 若 $x \neq x_0$ 时,令 $F(z) = 0$,则 $z=0$,$z=1$ 是两个稳定状态。$z=0$ 说明公众如果选择不监督策略,只要不出现使公众改变策略的突变条件,公众的策略选择就会处于不监督的稳定状态;反之,$z=1$ 时,说明公众如果选择监督策略,只要不出现使公众改变策略的突变条件,公众的策略选择就会处于监督的稳定状态。

对 $F(z)$ 求导,可知

$$\frac{dF(z)}{dz} = (1-2z)[x(1-y)B_o + M - C_p] \tag{3.15}$$

根据演化稳定策略的性质可知,演化策略达到稳定状态的条件为 $\frac{dF(z)}{dz} < 0$,以下针对不同情况进行分析:

① 当 $x > x_0$ 时,$\frac{dF(z)}{dz}\Big|_{z=1} < 0$,$\frac{dF(z)}{dz}\Big|_{z=0} > 0$,此时 $z=1$ 处于演化稳定状态,公众倾向于选择监督策略。

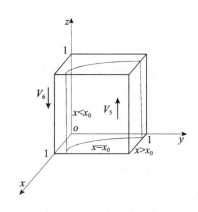

图 3.3　公众行为选择
策略的演化过程

② 当 $x < x_0$ 时,$\frac{dF(z)}{dz}\Big|_{z=1} > 0$,$\frac{dF(z)}{dz}\Big|_{z=0} < 0$,此时 $z=0$ 处于演化稳定状态,公众倾向于选择不监督策略。

公众行为选择策略的演化过程如图 3.3 所示。可以得到以下两个结论:

1) 当政府选择监管的概率 $x > x_0$ 时,公众策略选择状态处于空间 V_5,$z=1$ 是均衡点,此时公众愿意选择监督策略。

2) 当政府选择监管的概率 $x < x_0$ 时,公众策略选择状态处于空间 V_6,$z=0$ 是均衡点,此时出于各种因素的考虑,公众不愿意对企业进行监督。

综上可知,政府的策略选择影响公众的行为策略。

3. 参数分析

$x_0 = \dfrac{C_p - M}{B_o(1-y)}$,由图 3.3 可知,在其他参数保持不变的情况下,当 C_p 增大时,x_0 增大,V_5 的体积变小,即 V_5 的体积随着 C_p 的增大而减小。也就是说,公众进行监督的成本越高,公众想要监督的意愿就越低。

当 B_o、M 增大时,x_0 减小,V_5 的体积增大,即 V_5 的体积随着 B_o、M 的增

大而增大，即公众选择监督的概率随着企业对公众的赔偿、政府因公众进行监督而对其奖励的增加而增大，进而 V_6 的体积减小，即公众对企业行为选择不监督策略的概率减小。

3.2.4 各参与主体的综合分析

通过上述分析可以看出，均衡的演化具有稳定性。若三方参与主体中各个参数对应的实际值的大小在稳定值附近较小范围内波动，而不发生相对剧烈的数值变化，该均衡状态就会持续存在。当各参与主体的最初状态位于 V_1、V_3 及 V_5 三者交集内的空间时，（1，1，1）为三方参与主体的最优行为策略选择。从短期来看，政府加大监管力度，企业会选择技术革新使产业结构优化升级，公众会选择监督企业进行技术革新。因此，我国社会经济的发展离不开政府的干预。当各参与主体的最初状态位于 V_2、V_3 及 V_5 交集内的空间时，（0，1，1）为三方参与主体的最优策略选择。从长期发展的角度看，上述策略表示当政府不再监管企业进行技术革新时，企业会主动选择进行技术革新，公众会主动参与监督企业进行技术革新。这是我国环境保护发展的主要趋势，也是我们追求的理想状态。参与主体在各空间的策略选择见表 3.4。

表 3.4 参与主体在各空间的策略选择

空间	V_1		V_2	
	V_5	V_6	V_5	V_6
V_3	(1, 1, 1)	(1, 1, 0)	(0, 1, 1)	(0, 1, 0)
V_4	(1, 0, 1)	(1, 0, 0)	(0, 0, 1)	(0, 0, 0)

3.3 演化仿真分析

运用 Matlab 对政府、企业和公众的演化博弈过程进行仿真分析。令各参数值如下：$B_g=4$，$B_m=4$，$B_s=3$，$B_o=3$，$B_r=2$，$C_g=2$，$C_1=10$，$C_2=6$，$C_p=3$，$M=1$。t 表示时间。在演化仿真过程中，当 $t=0$ 时（初始时刻），政府、企业及公众三方参与主体策略选择概率的初始值分别取 0.1、0.3、0.5、0.7、0.9，使演化博弈仿真分析结果减少偶然性，提高结果的准确性，使演化仿真分析更有说服力。

3.3.1 政府策略选择的演化博弈仿真分析

根据政府的复制动态方程［式（3.4）］，对政府的策略选择进行演化博弈仿真分析，结果如图 3.4 所示，由图 3.4 可得出以下结论：

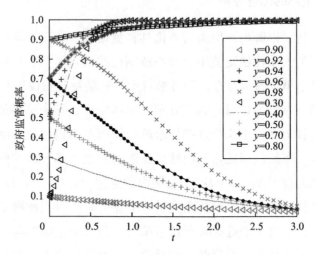

图 3.4　政府策略选择的演化博弈仿真分析

当 $y_0 < \dfrac{2B_g + B_m + B_s - C_g}{2B_g + B_m + B_s}$ 时，选择 $y=0.30$，$y=0.40$，$y=0.50$，$y=0.70$，$y=0.80$ 进行演化仿真分析；当 $y_0 > \dfrac{2B_g + B_m + B_s - C_g}{2B_g + B_m + B_s}$ 时，选择 $y=0.90$，$y=0.92$，$y=0.94$，$y=0.96$，$y=0.98$ 进行演化仿真分析。赋予 y 不同的值，对政府监管企业是否进行技术革新策略进行演化仿真分析。由图 3.4 可知，当企业选择技术革新策略的概率小于某个定值时，政府监管企业是否进行技术革新策略的概率趋近 1。这是因为当企业选择进行技术革新的概率较低时，企业的技术落后，不仅不能使资源得到有效利用，而且会造成大量的污染，给公众和社会造成较大的损失，为了避免这种情况，政府会加强对企业行为的监管。当企业选择技术革新策略的概率大于某个定值时，政府监管企业是否进行技术革新策略的概率趋近 0。这是因为当企业选择技术革新的概率较高时，即使政府不对企业进行监管，也不会损害公众及社会的利益。由此可知，政府行为的策略选择受企业技术革新概率的影响。

影响政府策略选择的因素仿真如图 3.5 所示。由图 3.5 可知，保持其他条件不变，当政府监管企业行为的成本 C_g 由 2 增加至 5 时，政府监管的概率 x 降低，即政府监管企业行为的概率与政府的监管成本具有负相关关系。其原因是政府监管成本 C_g 增大，将导致政府的经济负担加重，为了缓解经济压力，政府会放松对企业的监管。在其他条件不变的前提下，随着政府因监管有效得到的名誉收益 B_g 由 4 增加至 5、政府对企业的罚款 B_m 由 4 增加至 5、政府因不监管导致的社会损失 B_s 由 3 增加至 6，政府的监管力度都将加大，即 x 与 B_g、B_m、B_s 成正相关关系。政府因监管有效得到的名誉收益增加多少，政府因监管不力导致的名誉损失也会相应增加多少，因此出于理性的考虑，当政府的名誉收益 B_g 增大时，政府会加大对企业行为监管的力度；出于利益最大化考虑，当政府因企业不进行技术革新增加对企业的罚款时，政府会适当加大对企业的监管力度；当政府因对企业行为监管不力给社会造成较大损失时，为了经济的可持续发展，政府会加大监管力度。

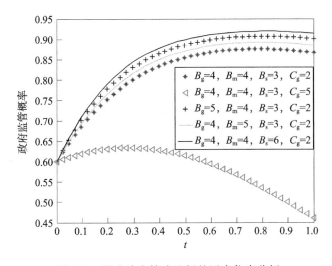

图 3.5　影响政府策略选择的因素仿真分析

不同初始状态下的政府策略选择仿真分析如图 3.6 所示，图中政府策略选择用"✦"表示，企业策略选择用虚线表示，公众策略选择用"+"表示。$t=0$，$x=0.9$ 时，即初始状态政府对企业行为的监管力度较大，随着政府对企业监管力度加大，企业选择技术革新的概率趋近 1，在此种情况下公众趋近于不参与监督。当 $t=0$，$x=0.1$ 时，即政府对企业趋向于不监管时，尽管初始状态企业进行技术革新的意愿较强，但由于政府和公众不作为，企业进行技术革新的自觉性降低。随着时间的变化，政府意识到监管企业行为的重要性且加大对企业监管的力度，此时由于成本增加等因素的影响，企业逐渐趋向于进行技术革新。由此可以看出，当参与主体的初始状态不同时，均衡结果存在差异。通过以上两种情况可以看出，在企业选择技术革新和公众参与监督的初始状态不变的情况下，政府选择监管的概率较大时，更有利于演化博弈的稳定，这说明了政府监管的重要性。

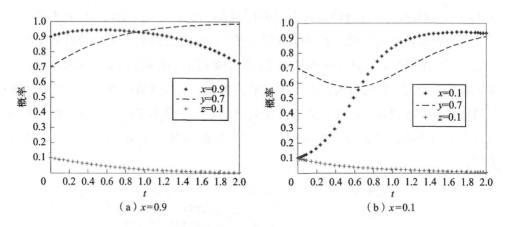

图 3.6　不同初始状态下的政府策略选择仿真分析

3.3.2　企业策略选择的演化博弈仿真分析

企业的复制动态方程为 $F(y)=y(1-y)[x(B_\circ z+B_m)+B_r+C_2-C_1]$，对企业的策略选择进行演化博弈仿真分析，可得到图 3.7～图 3.9。由图 3.7～图 3.9 可得出以下结论：

当 $x_0<\dfrac{C_1-C_2-B_r}{B_\circ z+B_m}$ 时，选择 $(x=0.25，z=0.1)$、$(x=0.20，z=0.1)$、$(x=0.15，z=0.1)$、$(x=0.15，z=0.2)$、$(x=0.13，z=0.2)$ 进行演化仿真分析；当 $x_0>\dfrac{C_1-C_2-B_r}{B_\circ z+B_m}$ 时，选择 $(x=0.70，z=0.1)$、$(x=0.75，z=0.1)$、$(x=0.80，z=0.2)$、$(x=0.85，z=0.2)$、$(x=0.95，z=0.2)$ 进行演化仿真分析。由图 3.7 可知，当政府监管的概率小于某个定值时，企业选择技术革新的概率趋近 0。这是因为当政府对企业的管制概率较低时，政府的监管行为不会对企业造成实质性影响，并且企业选择技术革新时会造成企业成本增加（$C_1>C_2$），从理性的角度出发，企业会逐渐趋向于沿用传统技术，不进行技术革新。当政府选择监管策略的概率大于某个定值时，企业选择技术革新策略的概率趋近 1。这是因为当政府的监管力度加大时，企业为了避免受到政府的处罚，会选择进行技术革新。由此可知，企业行为策略选择受到政府监管概率的影响。

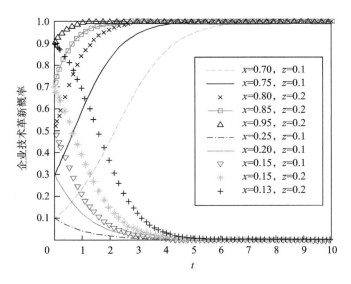

图 3.7　企业策略选择的演化仿真分析

　　如图 3.8 所示，在其他条件保持不变的情况下，当企业选择技术革新的成本 C_1 由 10 增加至 12 时，企业技术革新的概率 y 变小，即企业技术革新的概率 y 与企业技术革新的成本 C_1 成负相关关系。其原因在于企业技术革新的成本 C_1 增大，导致企业入不敷出或者收支持平时，为了维护自身利益，企业进行技术革新的意愿下降；在其他条件不变的前提下，随着企业使用传统技术导致环境污染对公众的赔偿 B_o、政府对企业的罚款 B_m、公众好感度下降造成的损失 B_r、企业使用传统技术的成本 C_2 的增加，企业选择技术革新策略的概率 y 变大，即企业进行技术革新的概率 y 与 B_o、B_m、B_r、C_2 成正相关关系。当企业不进行技术革新时，对公众的赔偿 B_o、企业上缴的罚款 B_m、公众好感度下降造成的损失 B_r、企业使用传统技术的成本 C_2 增加得越多，企业不进行技术革新的成本越高，从理性的角度考虑，企业会选择技术革新策略。

　　不同初始状态下企业的策略选择仿真分析如图 3.9 所示，政府策略选择用 "◆" 表示，企业策略选择用虚线表示，公众策略选择用 "+" 表示。当 $t=0$，$y=0.2$ 时，即初始状态企业进行技术革新的概率较低时，随着时间的推移及政府加大对企业行为监管的力度，企业技术革新的概率逐渐趋近 1，即随着政府监管力度加大，迫使企业进行技术革新。在此种情况下，出于成本的考虑，公众趋向于不参

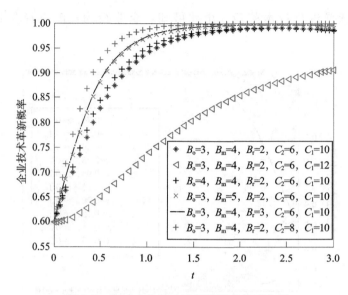

图 3.8　影响企业策略选择的因素仿真分析

与监督。当 $t=0$，$y=0.8$ 时，即初始状态企业进行技术革新的意愿较强时，随着时间的推移，企业的技术革新逐渐趋于稳定。在此种情况下，为了节约成本，不造成资源的浪费，政府、公众倾向于选择不监管、不监督策略。由以上两种情况可以看出，企业的初始状态影响着演化稳定的结果，而政府监管对企业行为选择起着重要的保障作用。

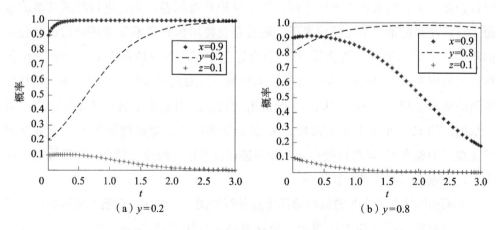

（a）$y=0.2$　　　　　　　　　　（b）$y=0.8$

图 3.9　不同初始状态下的企业策略选择仿真分析

3.3.3　公众策略选择的演化博弈仿真分析

公众的复制动态方程为 $F(z) = z(1-z)[x(1-y)B_{\circ}+M-C_p]$，对公众的策略选择进行演化博弈仿真分析，可得到图 3.10～图 3.12。由图 3.10～图 3.12 可得出以下结论：

当 $x_0 < \dfrac{C_p - M}{B_{\circ}(1-y)}$ 时，选择 $(x=0.30,y=0.3)$、$(x=0.20,y=0.3)$、$(x=0.15,y=0.3)$、$(x=0.15,y=0.2)$、$(x=0.10,z=0.2)$ 进行演化仿真分析；当 $x_0 > \dfrac{C_p - M}{B_{\circ}(1-y)}$ 时，选择 $(x=0.85,y=0.2)$、$(x=0.90,y=0.2)$、$(x=0.95,y=0.2)$、$(x=0.90,y=0.3)$、$(x=0.99,y=0.3)$ 进行演化仿真分析。由图 3.10 可知，当 x 小于某个定值时，公众选择监督的概率趋近 0。这是因为随着政府对公众的奖励降低，公众的关注度下降。x 较小，说明政府监管力度减小，政府对环境问题不够重视，导致公众因监督得到的奖励较少，且因为采取监督策略时产生监督成本，出于理性考虑，公众对企业监督的积极性下降。当政府选择监管策略的概率大于某个定值时，公众选择监督的概率趋近 1。这是因为政府监管企业的力度加大，意味着政府足够关注环境问题，对公众的奖励也会增加，且在政府的监管下，企业会对公众作出赔偿，因此出于对健康、利益等的考虑，公众会重视对企业的监督。由此可知，公众的行为选择受政府态度的影响。

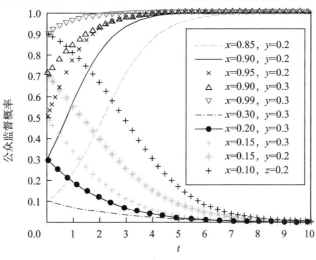

图 3.10　公众策略选择的演化仿真分析

由图 3.11 可知，在保持其他条件不变的情况下，公众监督的概率 z 与公众的监督成本 C_p 成负相关关系。这是因为出于对自身利益的考虑，当成本 C_p 增加时，为了避免给自身造成更大的损失，公众更愿意选择不监督策略，企业技术革新的意愿下降。在其他条件不变的情况下，公众监督的概率 z 与企业对公众的赔偿 B_o、政府对公众的奖励 M 成正相关关系。这是因为公众能够得到高额赔偿及奖励，不仅维护了自身利益，而且监督的积极性被调动。

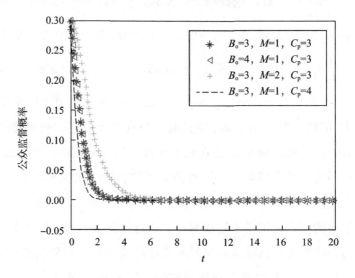

图 3.11　影响公众策略选择的因素仿真分析

不同初始状态下的公众策略选择仿真分析如图 3.12 所示，"*"代表政府策略选择，虚线代表企业策略选择，"+"代表公众策略选择。可以看出，当公众初始

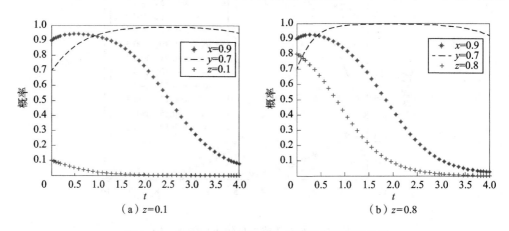

（a）$z=0.1$　　　　　　　　（b）$z=0.8$

图 3.12　不同初始状态下的公众策略选择仿真分析

监督概率较低时，企业选择技术创新策略概率趋于 1 的时间要大于公众初始监督概率较高时企业技术革新概率趋于 1 的时间，并且 $z = 0.1$ 时政府监管概率趋于 0 的时间亦比 $z = 0.8$ 时的时间长。由此可以看出，公众的态度影响政府与企业的行为选择。

3.4　结　　论

根据构建的政府、企业和公众三方演化博弈模型，分析各博弈参与主体策略选择的影响因素，可得出以下结论：

1）政府是否选择监督策略除了受企业技术革新概率的影响，还受政府监管成本、名誉收益、企业上缴的罚款和监管不力导致的社会损失的影响，且政府的监管概率与监管成本具有负相关关系，与名誉收益、企业上缴的罚款和监管不力导致的社会损失具有正相关关系。

2）企业是否选择技术革新策略不仅受政府监督概率的影响，还受企业进行技术革新的成本、企业对公众的赔偿、政府对企业的罚款等因素的影响，且企业技术革新概率与技术革新的成本具有负相关关系，与企业对公众的赔偿、政府对企业的罚款等具有正相关关系。

3）公众是否选择监督策略受政府态度的影响，公众的监督成本、企业对公众的赔偿、政府对公众的奖励也是影响公众行为选择的重要因素，且公众监督概率与监督成本具有负相关关系，与企业对公众的赔偿、政府对公众的奖励具有正相关关系。

本章基于理论的逻辑演绎，综合应用时间序列分析、面板门槛模型、中介效应模型、空间杜宾模型、动态空间杜宾模型、地理空间统计等方法，从不同层面展开了相关实证研究。

第4章　环境规制政策对污染产业的影响

第 3 章运用博弈论方法构建了政府、企业和公众三者之间的演化博弈模型，搭建了环境规制与产业空间分布演化的经济学分析框架，从理论上阐释了污染外部性、环境规制与产业空间分布演化三者之间关系形成的条件。实践中以上三者之间的关系还受到很多影响因素的制约。本章将以 2013 年国务院出台的《全国资源型城市可持续发展规划（2013—2020 年）》的污染减排效应及《大气污染防治行动计划》的产业结构升级效应为出发点，探究环境规制政策对污染产业的影响，并通过相应的实证分析进行检验。

4.1　《全国资源型城市可持续发展规划（2013—2020 年）》的污染减排效应

4.1.1　引言

改革开放 40 多年以来，我国经济在以"三高"（高储蓄率、高投资率、高出口率）为特征的高速增长模式下获得持续快速发展。环境是最公平的公共产品，良好生态环境的建设刻不容缓，在当下我国经济已经由高速增长转为高质量发展的新阶段，科学合理的环境规制政策已成为建设"美丽中国"的关键之举。就资源型城市而言，提升物质资本投资和技术创新投入可有效抑制"资源诅咒"现象。摆脱资源依赖，改善环境质量，离不开产业向绿色发展转型，而环境规制在很大程度上影响着经济发展与产业转型。有效的环境规制能够显著促进污染减排，可减少企业近 20% 的污染排放量。国内有学者认为短期内环境规制强度及结构在减污降排方面起关键作用，且这种促进效应具有不对称性，在我国东部地区最明显。而一些学者持相反的观点，提出因环境规制强度较低，中国会成为"污染避难所"，无法有效控制污染排放，而降低环境门槛来吸引更多的企业投资会使环境状况更糟的观点。相比于 2015 年，2017 年中国单位国内生产总值（GDP）的 CO_2 排放已下降约 46%，比预计实现时间整整提前了三年；2019 年中国重点城市 SO_2 的平均浓度比 2013 年降低 73%，降污减排成效显著。工业烟粉尘排放量在实施"煤改气、煤改电"后大大减少；"两控区"（酸雨控制区和二氧化硫污染控制区）政策对提高环境质量的作用在很大程度上受地方政府竞争的影响。在城镇化和工业化进程日渐加快、消费结构不断升级的背景下，中国的经济社会发展仍受到污染排放增加的影响。关于资源型城市发展的政策一直在完善。2007 年，《国务院关于促进资源型城市可持续发展的若干意见》（国发〔2007〕38 号）出台。资源型城市的转型发展从国务院 2013 年出台《全国资源型城市可持续发展规划（2013—2020 年)》（以下简称《规划》）以来开始跨入新阶段。《规划》从经济发展、民生改善、资源保障和生态环境保护等多个角度擘画推进资源型城市的可持续发展。学术界也对《规划》与资源型城市的经济增长、可持续发展及产业结构升级等进行了研究。但是目前关于《规划》实施以来在环境方面产生的效果的研究较少，关于《规划》对资源型城市污染减排效果评价的研究也比较缺乏。本章将《规划》的出台作为准自然试验环境，客观评价其对降污减排的影响，这对增强资源型城市可持续发展能力、进一步做好污染减排工作具有重要的参考价值。

4.1.2 研究假设

1.《规划》与污染减排

首先，《规划》指出，要提高环境准入门槛并制定严格的污染排放标准，特别要关注重点行业，对排放的主要污染物的总量进行严格把控；资源型产业要积极转变发展方式，对违背环保要求的落后产能要坚决、及时予以淘汰；同时，完善相关机制，将企业治理环境的成本内部化。严格的排污标准无形中提高了污染企业进入的壁垒，实施淘汰落后产能举措能够进一步完善其退出机制，对于以追求利润最大化为目标的企业而言，无论从治污成本还是从未来长远健康发展考虑，一定程度上都会受到激励进行技术创新，不断升级生产技术，使用更加清洁的生产设备，这样的技术创新活动对实现污染减排有积极作用。其次，《规划》提出，要向接续替代产业集聚各种生产要素，实现资源规模化、集约化开发，科学开采、高效利用，从而进一步促进关联产业协同发展，加大污染减排的工作力度。这样的产业集聚对减少污染排放有一定促进作用。一方面，产业集聚无形中加大了企业间的竞争，促使企业进行技术创新，而创新效率的提高使环境污染问题得到逐步解决；另一方面，产业集聚带来的污染治理规模效应可有效降低环境治理的成本，有利于改善环境质量。此外，《规划》指出，要加快多元化产业体系的构建，积极培育优势替代产业，鼓励节能环保产业的发展，同时要不断提高外资利用水平，引导外资向节能环保产业投资。产业多元化发展及节能环保等新兴清洁产业会促进产业的转型升级，使得产业结构清洁化和绿色化，这对于有效实现污染减排作用显著。

基于上述分析，笔者认为《规划》在一定程度上有助于实现资源型城市的污染减排，并提出以下假设：

假设 1：《规划》的出台有利于资源型城市实现污染减排。

2. 《规划》对资源型城市污染减排影响的异质性

对于不同的资源型城市来说，由于其经济发展水平、环境污染程度等不同，国家在进行环境规制时力度大小也有区别，即对不同地区施加的污染减排压力不同。这可能导致环境规制较严格的地区污染减排压力较大，从而对污染减排工作采取积极主动的措施，污染治理效果较好。自 20 世纪 80 年代以来，酸雨和二氧化硫污染事件接连发生，"两控区"政策在这一背景下出台，实行严格的环境管制政策，以行政命令手段严格限定企业污染物的排放标准，以期对酸雨和二氧化硫污染的不断蔓延加以遏制。"两控区"城市面临这样的污染减排压力，一方面，污染企业会在生产过程中选用更加清洁的资源和设备，引进或研发新技术；另一方面，地方政府在环境污染治理方面的资金投入增加，会对污染治理产生积极影响，有利于改善城市的环境质量。相对来说，非"两控区"城市面临的污染减排压力较小，因此实行的环境管制政策会比较宽松，加上"两控区"城市为达到合格的排污标准及环境质量标准等，可能将一些污染严重的企业转移至非"两控区"城市，这会加剧这类资源型城市的环境污染问题，不利于实现污染减排目标。

基于上述分析，提出以下假设：

假设 2：《规划》在污染减排压力较大的资源型城市会达到比较明显的污染减排效果。

我国资源型城市数量众多且分布比较广泛，经济发展水平因城市资源开发处于不同的阶段而有所差异，因此对于不同的资源型城市而言，其发展过程中遇到

的问题也不同。根据资源保障能力和经济社会可持续发展能力，资源型城市在
《规划》中被划分为成长型城市、成熟型城市、衰退型城市、再生型城市四个类
别。成长型城市潜力巨大，资源开发利用呈持续走高态势，资源保障潜力大，供
给充足，正处于成长发展期，所以在资源开发初期即可通过规范资源开发秩序、
严格环境影响评价等举措从源头上实现资源合理开发利用、保护环境，达到经济
与环境良性发展的目标。成熟型城市资源开发较稳定，发展重点是产业结构升级
调整、城市经济转型，在此过程中需加大对生态环境问题的重视，否则很可能陷
入资源枯竭和产业转型的困境。对过度开发利用资源的衰退型城市而言，资源存
量较低、趋于枯竭，经济发展滞后，面临较严重的城市环境污染问题及空前的生
态环境压力，无疑是国家加大政策支持力度扶持发展的重点和难点地区，因此政
策效果可能也比较显著。对于已初步实现转型发展的再生型城市而言，经济发展
模式发生很大变化，基本不再依托资源开采，其生态环境问题已明显改善。不同
类别的城市发展存在差异，因此《规划》对其污染减排的效果可能会有所不同。

基于上述分析，提出以下假设：

假设 3：《规划》对衰退型城市的污染减排有明显促进作用。

地区发展水平参差不齐、技术水平和资源禀赋差异等多种因素导致《规划》
在不同区域的污染减排效应很可能具有明显的差异。相对发达的东部地区第二、
第三产业起步早、发展快，产业结构较优，较早开始注重经济发展质量及环境保
护问题，其环保意识较强，环境标准也较高。近年来，东部地区为谋求能源、环
境与经济的协调发展，实现经济的持续健康发展，向中、西部地区转移了部分高
能耗、高污染的落后产业，所以东部地区的资源型城市大多资源环境问题不太突
出。而承接东部地区高污染、高能耗产业的中部地区大多以农业为主，工业、服
务业发展起步相对较晚，在追求经济快速发展的过程中出现了资源不合理开发利
用、环境污染严重等问题。此外，西部地区经济增长多为粗放型，经济发展水平
较低，环保技术也比较落后，资源环境问题十分突出。欠发达的西部地区环境规
制比较宽松，具有比较优势，随着中部地区环境问题的凸显，能耗高且污染严重
的产业往往又会逐渐向环境门槛较低的西部地区转移，即存在"污染避难所"。

基于以上分析，提出以下假设：

假设 4：《规划》的污染减排效应在中部地区的资源型城市最明显。

4.1.3 研究设计与变量说明

1. 模型设定

考虑到获取数据及某些城市行政区划分的变动，在 126 个地级资源型城市中剔除一些城市，将 109 个资源型城市作为研究样本。

《规划》实施对象为资源型城市，按常规倍差法很难找到准确的实验组和控制组。为此，本章借鉴了纳恩（Nunn）等提出的准倍差法，其无须对实验组和控制组进行严格划分。考虑到我国地区差异大，《规划》的实施对资源型城市污染减排效果的影响会有一定差异性，可看作一项准自然实验。但该影响难以直接反映在数据上，由于各地区的资源回收利用率（如工业固体废弃物综合利用率）一般与《规划》对污染减排效果的影响成正相关关系，可将它作为《规划》执行这一事件的处理强度进行考察，因此建立以下准倍差法估计模型：

$$\ln Y_{i,t} = \beta_0 + \beta_1 \mathrm{RU}_{i,t} I_t^{\mathrm{post}} + \alpha_i \mathrm{CV}_{i,t} + \lambda_t + \mu_i + \varepsilon_{i,t} \tag{4.1}$$

其中，i 表示城市；t 表示年份；$Y_{i,t}$ 是因变量，为城市 i 第 t 年工业 SO_2 排放量，用于表征污染减排效果；$\mathrm{RU}_{i,t}$ 为各地级市的资源回收利用率；I_t^{post} 是时间哑变量；$\mathrm{CV}_{i,t}$ 为控制变量；$\varepsilon_{i,t}$ 为随机干扰项。

2. 变量说明

（1）被解释变量

《规划》在污染减排方面的主要指标为化学需氧量、SO_2 和氮氧化物等主要污染物排放量。在我国的资源型城市中，矿业城市占大部分，且此类城市大多依赖煤炭资源，煤炭的大规模开采和使用会产生 $PM_{2.5}$、SO_2 等污染物。公众对 SO_2 这一污染物的感知最直接，且 1998 年以来 SO_2 在历次减排政策目标中都是主要污染物之一。考察资源型城市的污染减排效果，为尽可能将研究时间段拉长，尽量提高数据的可靠性，选取工业 SO_2 排放量这一指标衡量污染减排（pol），将其取对数，即 ln（pol）。

（2）主要解释变量

1）处理强度：各城市的资源回收利用率（RU）。《规划》深入贯彻可持续发展理念，提倡对废弃物进行无害化利用，综合整治工业固体废弃物。因此，本章在衡量地区资源回收利用率时选取了一般工业固体废弃物综合利用率这一指标。

2）时间哑变量：I_t^{post}。

为保证数据获取的连贯性，设定 2004—2018 年为本章研究的时间段。将 2013 年作为政策实施时间节点，即 2013 年及之后的年份（2013—2018 年）变量取值为 1，2013 年之前的年份（2004—2012 年）变量取值为 0。

（3）控制变量

资源型城市的污染减排与很多因素有密切关系，因此本章还考虑了如下控制变量：金融发展 [ln（finan）]，用年末金融机构存贷款余额之和取对数计算；政府规模 [ln（gover）]，用地方一般公共预算支出衡量，政府规模会影响地方政府在经济发展过程中对城市环境污染的重视程度；经济发展水平 [ln（pergdp）]，衡量指标选取的是人均 GDP，参考已有研究，地区污染物排放与经济增长大多存在非线性关系，所以除一次项外，本章还将人均 GDP 的二次项放入模型；基础设施水平（infra），用城市的人均道路面积表示；制造业集聚程度（maggl），用区位商数量表征，其是工业污染排放的主体和环境污染的重要推动力，制造业的空间集聚可能会使资源型城市的环境污染变得严重；财政自给率（fiscal），用地方财政收入和支出之比表示，地方政府的财政状况一定程度上会决定地区经济的自主性程度，进而对地区的污染减排产生影响；教育水平 [ln（edu）]，用每万人中在校大学生数量表征。各变量定义及不分年度的描述性统计见表 4.1。

表 4.1　变量定义与描述性统计（$N=1635$）

变量	核算方法	均值	标准差	最小值	最大值
ln（pol）	工业 SO_2 排放量取对数	10.544	1.105	6.821	12.728
RU	一般工业固体废弃物综合利用率	0.718	0.250	0.018	1.350
ln（finan）	年末金融机构存贷款余额之和取对数	16.325	0.905	14.005	18.820
ln（gover）	地方一般公共预算支出取对数	13.931	0.927	11.062	15.991
ln（pergdp）	人均地区生产总值取对数	10.142	0.787	4.595	12.456
[ln（pergdp）]^2	人均地区生产总值取对数的平方项	4.627	0.159	3.050	5.044
infra	城市人均道路面积	10.457	9.023	1.000	108.370
maggl	区位商数量	0.751	0.449	0.002	2.741
fiscal	地方财政收入和地方财政支出之比	0.438	0.343	0.054	12.177
ln（edu）	每万人中在校大学生数量取对数	4.161	0.933	0.584	6.409

本章研究数据部分来自省或市国民经济与社会发展统计公报，其余均通过《中国城市统计年鉴》《中国环境统计年鉴》获得。本章研究的样本数为 1635 个，并运用线性插值法对少数个别年份的缺失值进行补充。为消除异方差，对部分指

标采取对数化处理。本章采用的数据处理软件为 Stata 15.0。

4.1.4 实证结果及分析

1. 基准模型结果分析

基于式（4.1）进行考察。经豪斯曼检验，显著拒绝原假设，因此选择固定效应模型。实证检验结果见表4.2。

表 4.2 基准模型回归结果 （$N=1635$）

变量和指标	ln （pol）	
	（1）	（2）
RUI^{post}	-1.248^{***} （-16.97）	-0.214^{**} （-2.12）
ln （finan）	0.809^{***} （10.60）	0.385^{***} （3.58）
ln （gover）	-0.416^{***} （-5.61）	0.402^{***} （4.15）
ln （pergdp）	-1.021^{***} （-2.90）	-1.003^{***} （-3.28）
$[$ln （pergdp）$]^2$	4.855^{***} （2.85）	4.088^{***} （3.34）
infra	0.013^{***} （4.21）	-0.004 （-1.34）
maggl	0.469^{***} （7.98）	0.042 （0.64）
fiscal	0.133^{*} （1.67）	0.148^{***} （2.94）
ln （edu）	-0.016 （-0.55）	-0.058^{*} （-1.77）
cons	-9.087^{**} （-2.08）	-9.036^{***} （-2.70）
城市效应	NO	YES
时间效应	NO	YES
R^2	0.301	0.514

注：$***$、$**$ 和 $*$ 分别表示在1%、5%和10%的水平上显著；括号内的数值表示估计系数的 t 检验结果。以下表中标注同此处。

表4.2中，列（1）加入控制变量但未控制城市效应和时间效应，列（2）加入控制变量且同时对城市效应、时间效应进行双固定。结果表明，无论是否固定城市效应和时间效应，交互项 RUI^{post} 的系数均显著为负，固定城市、时间效应后，交互项系数为-0.214，并在5%的水平上显著为负，表明《规划》的实施减少了21.4%的工业 SO_2 排放量，资源型城市的污染减排效果十分明显，假设1得到验证。

从控制变量来看，经济发展水平越高或政府规模越大，意味着地区的工业企业数量相对越多，这导致工业污染排放量相对更大。人均GDP的一次项与废气排放量负相关，二次项则与废气排放量显著正相关，说明随着经济发展水平的提高，政府对生态环境保护的重视程度提高，这在一定程度上会使污染物排放量减少，但这种促进作用会随着经济发展水平的不断提高而减弱，直至产生相反的作用。随着财政自给程度的提高，资源型城市污染排放更多，其原因是，比较乐观的财政状况意味着地区具有较强的经济自主性，因此在现行激励体制下，地方政府更重视地区经济发展，而忽视资源环境问题。教育水平显著负向影响废气排放量，这一结果十分显著，因为地区整体教育水平越高，人们节约资源、保护环境的意识也就越强，这有利于资源型城市实现污染减排。

2. 政策动态效果检验

一项政策的出台会引领或指导区域未来的发展，随着政策的深入推进，其实施效果会逐步显现。为了考察系数 β_j 的动态变化，并检验本章所选政策实施时间节点是否合理，借鉴李毅等检验政策动态效果的方法，建立如下模型：

$$\ln Y_{i,t} = \beta_0 + \sum_{j=2014}^{2018} \beta_j \mathrm{RU}_{i,t} I_t^j + \alpha_i \mathrm{CV}_{i,t} + \lambda_t + \mu_i + \varepsilon_{i,t} \tag{4.2}$$

其中，β_j 表示分别将不同年份（2014—2018 年）作为政策实施起始点，以评价《规划》对资源型城市污染减排的作用效果。本章将 2013 年作为《规划》实施的时间节点，则从 2014—2018 年各年份 β_j 的变化可观察到《规划》执行的动态效果。基于式（4.2）进行实证检验，结果见表 4.3。

表 4.3　政策动态效果检验

变量和指标	$\mathrm{RU}I^{2014}$	$\mathrm{RU}I^{2015}$	$\mathrm{RU}I^{2016}$	$\mathrm{RU}I^{2017}$	$\mathrm{RU}I^{2018}$
ln（pol）	−0.138 （−1.29）	−0.171 （−1.48）	−0.236* （−1.85）	−0.372** （−2.56）	−0.555*** （−2.74）
变量和指标	控制变量	城市效应	时间效应	N	R^2
ln（pol）	YES	YES	YES	1635	0.513

由表 4.3 可以发现，一般工业固体废弃物综合利用率与时间哑变量的交叉项，在《规划》实施第二年（2014）和第三年（2015）的回归系数均为负值，且有增大的趋势，但并不显著。《规划》从 2016 年（实施第四年）开始逐渐产生政策效果，$\mathrm{RU}I^{2016}$、$\mathrm{RU}I^{2017}$ 和 $\mathrm{RU}I^{2018}$ 对应的回归系数依次为−0.236、−0.372、−0.555，且依次在 10%、5% 与 1% 的水平上显著。由上述结果可知，在一定程度上，《规划》有利于资源型城市污染减排，但有明显的滞后效应，在实施第四年才逐渐产

生效果。相比于前两年，后三年系数整体较大，增长幅度逐步提高，说明政策效果呈现逐步增强的趋势。

3. 稳健性检验

为验证本章的基准回归结果的稳健性，以下将进行一系列稳健性检验，结果见表 4.4。

表 4.4　稳健性检验结果（N＝1635）

变量和指标	更换被解释变量		限制研究时间段	反事实检验
	(1)	(2)	(3)	(4)
	ln (perSO$_2$)	ln (ISO$_2$)	ln (pol)	ln (pol)
RUI^{post}	−0.255**	−0.232**	−0.201*	−0.199
	(−2.50)	(−2.10)	(−1.82)	(−1.58)
ln (finan)	0.295***	0.252**	0.280**	0.388
	(2.71)	(2.14)	(2.14)	(1.40)
ln (gover)	0.363***	0.289***	0.340***	0.400**
	(3.72)	(0.72)	(2.77)	(2.47)
ln (pergdp)	−0.915***	−2.636**	−0.487	−1.012*
	(−2.96)	(−7.87)	(−1.27)	(−1.95)
[ln (pergdp)]^2	3.840***	9.052***	2.038	4.126*
	(3.11)	(6.75)	(1.36)	(1.89)
infra	−0.003	−0.006*	−0.002	−0.004
	(−1.11)	(−1.77)	(−0.42)	(−1.15)
maggl	0.081	0.029	0.034	0.038
	(1.21)	(0.40)	(0.45)	(0.39)
fiscal	0.143***	0.112**	0.124**	0.146***
	(2.83)	(2.04)	(2.27)	(3.30)
ln (edu)	−0.035	−0.060*	−0.072*	−0.059
	(−1.06)	(−1.66)	(−1.89)	(−1.08)
cons	−12.608*	−18.098*	−2.397	−9.135
	(−3.73)	(−4.93)	(−0.56)	(−1.27)
城市效应	YES	YES	YES	YES
时间效应	YES	YES	YES	YES
R^2	0.522	0.744	0.540	0.514

（1）更换被解释变量

以往的研究在对工业污染物排放进行衡量时主要考察污染物排放总量、污染物排放强度及污染物人均排放量这三个指标。参照包群等采用单位 GDP 污染物排放强度和人均污染物排放量衡量污染排放，以消除地区人口规模及经济规模两种因素的影响的做法，本书采用人均工业 SO_2 排放量［ln（$perSO_2$）］及工业 SO_2 排放量占 GDP 的比重［ln（ISO_2）］替换工业 SO_2 排放量，估计方法仍采用双向固定效应模型，结果如表 4.4 中第（1）列与第（2）列所示。交互项系数为 -0.255 和 -0.232，且均在 5% 的水平上显著，这表明《规划》能显著减少资源型城市工业 SO_2 的人均排放量，同时能显著降低其排放强度，进而有效实现污染减排。

（2）限制研究时间段

李毅等在考察碳强度约束政策对中国城市空气质量的影响时，通过将研究区间限制为对称时间段解决样本容量不对称可能带来的问题。沿袭这一做法，本章将研究时间段限制在 2007—2018 年（政策实施前后均为 6 年），具体估计结果见表 4.4 中第（3）列。在 10% 的显著性水平上，RUI^{post} 的系数为负，说明《规划》对资源型城市减少工业 SO_2 排放量起到了积极作用。

（3）反事实检验

以上结果表明，《规划》对促进资源型城市污染减排发挥了积极作用。然而，这一作用过程除受《规划》影响外，还可能受到其他一些政策或随机性因素的影响。因此，要通过人为设定政策实施时间进行反事实检验。2011 年是我国实施"十二五"规划的起始年，且这一年《"十二五"节能减排综合性工作方案》出台，这一专门针对节能减排工作的方案有可能也会对资源型城市的污染减排效果产生影响。为消除其他因素的干扰，得出《规划》的污染减排净效应，将《规划》执行年份设定为 2011 年，并改变时间哑变量 I^{post} 的取值，再进行检验。如表 4.4 中第（4）列所示，在假定执行年份下交互项 RUI^{post} 的系数虽为负，但并不显著，表明资源型城市污染减排的效果是由《规划》而非其他因素导致的。

4.1.5　异质性分析

上述基准分析表明《规划》可显著减少资源型城市的污染物排放，但对于异质性资源型城市而言，这种污染减排效应是否依然存在？若存在，此效应会有显著差异吗？本节将考察资源型城市污染减排压力、所处成长周期与所在区域带来的异质性影响。

1. 污染减排压力异质性

国家出台《规划》虽然是针对全部资源型城市，但不同地区会根据各自城市实际情况实施相应的发展策略与减排措施。除《规划》外，部分资源型城市还会受到其他减排政策的约束，因此面对的污染减排压力相对更大，这很可能会对城市的污染减排效果造成显著的影响。我国从 1998 年起实施的"两控区"政策将 SO_2 作为重点控制的目标污染物，SO_2 也是本章污染减排的研究对象。参照韩超等区分城市污染减排压力的方法，将"两控区"政策作为划分依据，分析《规划》在不同污染减排压力下对城市产生的差异性效果。在式（4.2）的基础上引入"两控区"政策的虚拟变量 tcz，设定具体模型如下：

$$\ln Y_{i,t} = \beta_0 + \beta_1 RU_{i,t} I_t^{post} \cdot tcz + \alpha_i CV_{i,t} + \lambda_t + \mu_i + \varepsilon_{i,t} \tag{4.3}$$

其中，虚拟变量 tcz 表征资源型城市的污染减排压力。若考察对象是"两控区"城市，设定 In＝1，Out＝0；若考察对象不是"两控区"的资源型城市，设定 Out＝1，In＝0。相应的回归分析结果见表 4.5。

表 4.5　污染减排压力异质性检验结果（N＝1635）

变量和指标	"两控区"城市	非"两控区"城市
	(1)	(2)
	ln（pol）	ln（pol）
$RUI^{post} \cdot In$	−0.215*** （−3.48）	—
$RUI^{post} \cdot Out$	—	0.131** （2.15）
ln（finan）	0.353*** （3.29）	0.353*** （3.27）
ln（gover）	0.387*** （4.02）	0.373*** （3.87）
ln（pergdp）	−0.950*** （−3.11）	−0.998*** （−3.26）
[ln（pergdp）]²	3.859*** （3.15）	4.039*** （3.30）
infra	−0.004 （−1.33）	−0.003 （−1.07）
maggl	−0.001 （−0.01）	0.003 （0.04）
fiscal	0.148*** （2.96）	0.138*** （2.77）
ln（edu）	−0.069** （−2.09）	−0.062* （−1.90）
cons	−7.762** （−2.32）	−7.972** （−2.37）
城市效应	YES	YES

变量和指标	"两控区" 城市	非 "两控区" 城市
	(1)	(2)
	ln（pol）	ln（pol）
时间效应	YES	YES
R^2	0.516	0.514

由表 4.5 可知，交互项 $RUI^{post} \cdot In$ 的系数为 -0.215，且在 1% 的水平上显著，这说明对于被纳入 "两控区" 的资源型城市而言，《规划》产生了显著的污染减排效果。究其原因，"两控区" 政策中极为严格的企业污染物排放标准使得 "两控区" 城市受到严格的环境政策管制，以达到有效控制酸雨及 SO_2 污染的目的，因此 "两控区" 城市污染减排压力（特别是 SO_2 减排压力）较大。在《规划》实施后，污染企业通过采用新的治污技术或生产设备等使污染排放达标。相较于非 "两控区" 城市，"两控区" 城市获得了更好的污染减排效果。这也验证了假设 2。

表 4.5 中交互项 $RUI^{post} \cdot Out$ 系数为正且通过了 5% 水平的显著性检验，这表明对于未被纳入 "两控区" 的资源型城市而言，《规划》反而使 SO_2 排放量增加，加剧了环境污染。这是因为，"两控区" 城市面临严格的管制、较大的污染减排压力，其一方面会通过技术创新或者增加环境污染治理投资等举措使生产清洁化、减少污染排放，但同时不排除污染企业为追求经济利益、降低生产成本，不改进设备和技术等，而是把污染企业转移至污染排放标准相对较低的非 "两控区" 城市，从而加剧了非 "两控区" 城市的环境污染，降低了《规划》的污染减排效应。

2. 成长周期异质性

参考纪祥裕和顾乃华划分资源型城市的方法，将样本过少的成长型和再生型城市纳入一个层级，以避免估计偏误，样本较多的成熟型和衰退型城市则分别成类。在式（4.1）的基础上引入资源型城市所处成长周期，设定如下模型并进行检验：

$$\ln Y_{i,t} = \beta_0 + \beta_1 RU_{i,t} I_t^{post} \cdot period + \alpha_i CV_{i,t} + \lambda_t + \mu_i + \varepsilon_{i,t} \qquad (4.4)$$

其中，period 用于表征城市所处的成长周期。考察成长型与再生型城市《规划》的污染减排效果时，设定 CZ=1，CS=ST=0；考察成熟型城市时，设定 CS=1，CZ=ST=0；考察衰退型城市时，设定 ST=1，CZ=CS=0。具体回归结果见表 4.6。

表 4.6　成长周期异质性检验结果（$N=1635$）

变量和指标	成长型和再生型城市	成熟型城市	衰退型城市
	(1)	(2)	(3)
	ln (pol)	ln (pol)	ln (pol)
$RUI^{post} \cdot CZ$	0.268***	—	—
	(3.63)		
$RUI^{post} \cdot CS$	—	−0.092	—
		(−1.53)	
$RUI^{post} \cdot ST$	—	—	−0.238***
			(−3.20)
ln (finan)	0.314***	0.369***	0.345***
	(2.90)	(3.43)	(3.21)
ln (gover)	0.406***	0.396***	0.389***
	(4.21)	(4.09)	(4.04)
ln (pergdp)	−1.088***	−1.048***	−1.007***
	(−3.56)	(−3.42)	(−3.30)
$[\ln (pergdp)]^2$	4.435***	4.281***	4.051***
	(3.63)	(3.49)	(3.31)
infra	−0.003	−0.003	−0.004
	(−0.97)	(−1.11)	(−1.21)
maggl	0.015	0.028	0.033
	(0.23)	(0.43)	(0.51)
fiscal	0.146***	0.145***	0.139***
	(2.93)	(2.89)	(2.78)
ln (edu)	−0.059*	−0.058*	−0.055*
	(−1.81)	(−1.77)	(−1.70)
cons	−8.743***	−9.147***	−8.070**
	(−2.62)	(−2.72)	(−2.41)
城市效应	YES	YES	YES
时间效应	YES	YES	YES
R^2	0.517	0.513	0.516

　　表 4.6 中的检验结果表明，成长型和再生型城市交互项系数在 1％的水平上显著为正。成长型城市正处在大力开发资源、势头旺盛的阶段，发展动力足，还未

出现明显的环境问题，所以《规划》在短期内不但没有减少、反而增加了这类城市工业 SO_2 排放量，并未产生污染减排效应。对再生型城市而言，其经济的发展已不再依赖资源，环境问题也已逐步得到改善，正积极谋求各类新兴产业的发展，因此《规划》对于该类城市的污染减排作用不大。但对传统产业进行改造、寻求转型发展新路径的过程是渐进的，再生型城市会有适应调整期，这导致《规划》甚至起到完全相反的作用。

表 4.6 中成熟型城市交互项系数为负，但并不显著。这说明此类城市开发资源的过程比较稳定，对生态环境问题虽引起了高度重视，但形势不及衰退型城市严峻，任务并不紧迫，因此在环境治理等方面进程相对较慢，《规划》的污染减排作用并不明显。

衰退型城市交互项系数在 1‰ 的水平上显著为负，说明《规划》对于衰退型城市的污染排放产生了显著的抑制效应，可有效实现污染减排。衰退型城市长期依赖资源开发，在生态环境方面面临很大压力，资源也日趋枯竭，转变经济发展方式迫在眉睫，国家政策支持力度会有一定倾斜，因此《规划》对于衰退型城市的污染减排效果比较显著，这也验证了假设 3。

3. 区域异质性

考虑到我国地区间存在较突出的发展不平衡问题，将研究样本划分为东、中、西部城市三个区域，在式（4.1）的基础上设定如下具体模型：

$$\ln Y_{i,t} = \beta_0 + \beta_1 RU_{i,t} I_t^{post} \cdot region + \alpha_i CV_{i,t} + \lambda_t + \mu_i + \varepsilon_{i,t} \quad (4.5)$$

其中，region 用于表征城市所处区域状况。考察《规划》对东部资源型城市的污染减排效应时，设定 East＝1，Mid＝West＝0；考察中部资源型城市时，设定 Mid＝1，East＝West＝0；考察西部资源型城市时，设定 West＝1，East＝Mid＝0。具体回归结果见表 4.7。

表 4.7　区域异质性检验结果（N＝1635）

变量和指标	东部资源型城市	中部资源型城市	西部资源型城市
	（1）	（2）	（3）
	ln（pol）	ln（pol）	ln（pol）
$RUI^{post} \cdot East$	−0.102 （−1.42）	—	—

变量和指标	东部资源型城市	中部资源型城市	西部资源型城市
	(1)	(2)	(3)
	ln (pol)	ln (pol)	ln (pol)
$RUI^{post} \cdot Mid$	—	−0.152 ** (−2.49)	
$RUI^{post} \cdot West$	—	—	0.202 *** (2.83)
ln (finan)	0.367 *** (3.42)	0.357 *** (3.32)	0.329 *** (3.04)
ln (gover)	0.368 *** (3.80)	0.406 *** (4.19)	0.368 *** (3.81)
ln (pergdp)	−0.986 *** (−3.21)	1.067 *** (−3.49)	−1.017 *** (−3.33)
$[ln (pergdp)]^2$	3.986 *** (3.23)	4.270 *** (3.49)	4.001 *** (3.27)
infra	−0.004 (−1.21)	−0.003 (−1.12)	−0.003 (−1.15)
maggl	0.022 (0.34)	0.048 (0.72)	0.027 (0.41)
fiscal	0.139 *** (2.78)	0.143 *** (2.87)	0.138 *** (2.76)
ln (edu)	−0.060 * (−1.83)	−0.056 * (−1.71)	−0.063 * (−1.92)
cons	−8.028 ** (−2.37)	−8.886 *** (−2.65)	−7.220 ** (−2.13)
城市效应	YES	YES	YES
时间效应	YES	YES	YES
R^2	0.513	0.514	0.515

由表 4.7 中的检验结果可知,东部地区的资源型城市交互项对应的系数为负,但没有通过显著性检验。无论技术还是经济发展水平,东部地区在全国都遥遥领先,污染减排的有效实现仅借助《规划》这一政策的力量还远远不够,还需要借助东部地区资源型城市的市场化进程、技术创新和经济发展等因素。

表 4.7 中中部地区的资源型城市交互项对应的系数为 -0.152，且在 5% 的水平上显著，这表明对于中部地区的资源型城市而言，《规划》有利于减少工业 SO_2 排放，进而有效实现污染减排，假设 4 得以验证。长期以资源型产业为主导产业的中部资源型城市面临技术水平落后与环境污染严重的双重困境，《规划》通过淘汰落后产能、大力推广使用节能绿色产品等多项举措，带来了显著的污染减排效应。

由表 4.7 中的检验结果可知，对于西部地区资源型城市而言，《规划》不仅不具有污染减排效应，而且交互项系数显著为正，原因可能是：西部地区资源型城市由于技术水平比较低、生产技术比较落后及资源配置扭曲等，会通过降低环境准入门槛来保持对东、中部地区转移污染产业的吸引力，这导致《规划》对西部地区资源型城市的污染减排不仅不起作用，反而还会因东、中部地区转入污染产业而导致环境污染问题更加严重，即西部地区存在"污染避难所"现象。

4.1.6　结论与政策启示

本章采用准倍差法，基于 2004—2018 年我国 109 个资源型城市的面板数据，分析了《规划》对我国资源型城市污染减排的影响，并从污染减排压力、城市类型及所处区域三个角度进一步探讨了《规划》对资源型城市污染减排影响的异质性。研究发现：①《规划》能显著减少资源型城市的污染排放量；②《规划》存在政策时滞效应，实施第四年才逐步显现政策效果，且呈逐渐加强趋势；③《规划》的污染减排效应存在明显异质性，即《规划》对污染减排压力较大的资源型城市污染减排效应比较显著，其区域异质性也十分明显，与东、西部地区相比，《规划》有利于中部地区资源型城市的污染减排。

基于上述研究结论可得出以下启示：

1) 一方面，应统筹兼顾，全面持续推进污染减排。应尽可能关闭高污染、高能耗企业，及时淘汰落后产能，大力支持环保产业，在探索新型清洁能源的同时以创新促进技术进步，提升资源型地区污染减排水平。另一方面，要重视环境污染治理，鼓励多方共同参与。在政策后续的扩展中，要想充分发挥其污染减排效应，除国家以外，更需要地方政府、公众同时发力。资源型城市地方政府应作出积极响应，因地制宜、积极主动地实施差别化环保措施，通过市场化手段激励相关企业污染减排，如增加中高污染型企业的税收、在政策上给予处于转型期的企业一定优惠、加强市场方面的正向引导等。公众参与环境监督有利于生态文明建设，因此要鼓励公众参与到污染治理中，充分发挥媒体及社会舆论对污染企业的监督作用。

2）因城市而异探索发展思路，增强政策效应。在政策执行过程中，应充分考虑资源型城市在各方面的异质性，合理规划政策布局，加强政策引导，制定详细、具体的污染治理标准，适当给予污染减排压力较大的城市、中部地区资源型城市政策倾斜，在促进各地区平衡发展的同时有效实现污染减排。结合地域特点，探寻新能源，继续加大创新投入，大力扶持新兴产业及高新技术产业，打破对资源过度依赖的局限，积极促进相关产业的多样化发展，削弱产业对资源的依赖产生的不利影响，走绿色发展之路。

4.2 《大气污染防治行动计划》的产业结构升级效应

4.2.1 引言

2019 年 7 月 29 日，《全球生态足迹网络》报告显示，2019 年全年的自然资源定量已经用完，按照这样的消耗速度，1.75 个地球所提供的自然资源才能满足人类的需求。在人类粗放利用自然资源的同时，生态环境正陷入环境污染和生态失衡的恶性循环。资源与环境问题演变为全球危机的同时，也成为我国现阶段的基本国情。我国正处于第四次工业革命发展前沿，经济增长速度惊人，增长阶段也逐渐过渡到高质量发展阶段，但是这主要是依托粗放型工业的驱动。资源型城市作为保障国家重大能源战略实施的根本动力，它们的兴衰体现出一个国家获得和利用自然资源的能力，也决定了国家的经济地位。由于地区的能源消耗结构不合理，越来越多的高经济贡献率、高能耗的企业遭到淘汰，越来越多的资源型城市加入收缩型城市的行列。资源型城市的"资源诅咒"效应越来越明显，地区功能逐渐丧失，在多个方面体现出一定的负外部性。党中央高度重视资源型地区经济的转型发展，资源型城市的经济发展状态对促进我国区域协调发展、统筹新型工业化和优化产业结构具有重大的战略和现实意义。如何通过政策手段有效地调整产业结构，进而集约、高效地利用有限的自然资源，是我国资源型城市破解"资源诅咒"、有效管控生态污染亟待解决的关键问题。

当前学术界在环境政策的研究方面有以下几种观点。一是认为环境政策会影响人力资源的流动。环境规制政策的实施会使一些高污染排放企业总体生产价格上升，整体竞争力低于市场平均水平，进而导致企业的劳动力流失。贝兹德克（Bezdek）发现环境政策造成地区间工业企业的劳动力出现断层现象。但一部分学者通过将行业细化和理论推导得出，在短期内可能会存在环保和就业的"双重红利"，环境政策在酸雨控制区对当地就业呈现正外部性，但对 SO_2 控制区却呈现明显的负外部性。二是认为环境政策会影响地区的出口效率和质量。郝林和庞赛特（Hering & Poncet）将"两控区"政策作为准实验环境进行研究，发现"两控区"政策对城市的出口总量有负面影响，带有污染标签的出口企业的出口量占出口总量的三分之一。盛丹和张慧玲对我国出口产品的质量进行了测算，并将环境政策作为外生冲击，发现其对污染集中度较高的行业产生了负向作用，对东部地区和差异化产品质量升级产生了正向影响。三是认为环境政策会影响地区企业全要素生产率。环境政策通过淘汰高污染、低效率的企业提升了区域内行业的平均生产率水平。

对于"资源诅咒"假说，学者们从不同的角度进行了研究。斯泰纳尔（Steinar）通过列举挪威石油的个例说明自然资源充裕地区经济增长呈现出明显的倒 U 形趋势，"资源诅咒"的负面影响会直接冲击一个地区制定和实施健全的政策的能力。在我国，资源型地区的经济增长在长周期上存在明显的"资源诅咒"效应，这是拉大地区发展差距的一个重要原因。邵帅和杨莉莉指出，资源型城市存在收缩现象，劳动力被"挤出"，会降低地区管理部门积累人力资本的积极性，这就间接增加了资源型区域出现"资源诅咒"效应的风险。余向宇等运用省级面板数据说明我国资源环境区域内的"资源诅咒"现象比较普遍，资源驱动型经济发展模式是造成资源环境区域出现不平衡现象的具体原因之一。

现阶段有学者开展了破解"资源诅咒"的路径和机制的研究。邵帅等通过收集地级市层面的经验数据考证得出制造业体系的完善和提升对外贸易的开放度是维持资源型地区经济增长、规避"资源诅咒"最有效的两种途径。万建香和汪寿阳运用汉密尔顿（Hamilton）优化模型与门限回归模型对省级数据进行模拟，发现社会资本加速累积会扩大技术创新部门的人力资本，弱化开发资源的技术效应，间接阻隔了"资源诅咒"的传导；同理，较高的研发投资和活跃的技术交易市场可以有效缓解"资源诅咒"现象。另有学者构建了一个包含政治因素、社会因素的综合指数，衡量特定资源丰富的国家面对"资源诅咒"的脆弱性，并明确指出进行适度的环境规制可以维持其内部稳定性，以此规避"资源诅咒"。从微观层面来看，地方政府往往通过制定相关的环境政策避免企业的寻租行为，提升地方资源收益分配效率，优化当地产业结构。

通过对相关的研究结论进行梳理，不难发现，随着我国城市化发展进程的不断推进，资源富集型城市由于存在"资源诅咒"效应，区域的治理模式有很大的革新空间，提升自然资源利用率、吸引人力资源流入、对高污染企业进行环境规制、倒逼技术创新、实现盈利和环保的双赢等是实现资源型地区经济增长的有效途径。但是，鲜有文献从环境政策效应出发，有针对性地选取研究对象探究资源型地区如何有效削弱进而阻断"资源诅咒"。本章将国务院于 2013 年印发的《大气污染防治行动计划》作为准试验环境，结合我国资源型城市的实际情况，利用双重差分法（DID）探究大气污染防治行动能否削弱"资源诅咒"；如果能，通过何种途径有效地规避"资源诅咒"。通过分析资源型城市的大气污染防治行动与"资源诅咒"之间的因果关系，探讨大气污染防治行动削弱"资源诅咒"的传导机制，可以为资源型城市政府部门采取相关措施规避"资源诅咒"提供依据。这对于资源型城市转型、找到新的经济增长点，实现地区"资源红利"的合理分配和有效解决城市大气污染问题都有重要的现实意义。

4.2.2 研究假设

促进资源型城市可持续发展，对于维护国家能源资源安全、推动实现新型工业化和新型城镇化、促进社会和谐稳定和民族团结、建设资源节约和环境友好型社会具有重要意义。目前，我国已全面建成小康社会，对资源型城市可持续发展提出了新的要求，迫切需要统筹规划、协调推进可持续发展战略。

由上文的文献梳理和政策背景分析可知，资源型城市是以有限的自然资源供给、开发和加工为主要产业，以资源型产业链为主要发展途径的工业城市。大气污染防治行动作为一项符合资源利用效率标准的环境政策手段，一定程度上可以实现资源型城市资源禀赋的有效配置，进一步提高空气质量，使地区社会福利最大化。我国的资源型城市分为成长型、成熟型、衰退型、再生型四种类型，四种类型的资源型城市以不同的转型方式呈现出不同的发展特征，本章将从资源型城市的特征分析大气污染防治行动对地区"资源诅咒"的影响机理。

我国矿产资源城市中，矿石、石油、煤炭城市占 53.4%，其早期的经济发展速度一路攀升。但是这类城市存在露天开采、过度开采、加工企业分散、直接输出过剩产能、开采和加工技术含量低、自然资源流失速度加快等问题，导致城市功能出现畸形、资源产业濒临衰竭、环境污染严重，这样的问题大多出现在衰退型和成熟型资源城市中。《大气污染防治行动计划》作为近年来最严苛的环境保护计划，将这些地区作为重点实施对象，监察力度相对较大，由此产生的倒逼效应将在很大程度上提升这些城市中高污染行业的资源利用率，减少大气污染排放，削弱"资源诅咒"。此外，这些城市转型迫在眉睫，地方政府会积极响应国家号召，积极纠正环境问题的外部不经济性。基于以上分析，提出以下假设：

假设 1：大气污染防治行动能有效削弱"资源诅咒"。

严格的环境经济政策会通过市场中介间接实现宏观调控，通过改变产业转型信号影响政策对象的经济利益，使资源型地区政策执行成本降低，加速资源型城市转型升级。在环境经济政策的引导下，资源型地区的环境政策会促使当地的清洁行业和技术形成一定规模的绿色产业进入壁垒，间接促进当地资源产业结构向绿色化转型。所以，大气污染防治行动一旦付诸实践，就会促使高污染、高排放的企业在最优水平上实施调控，使边际控制成本等于边际损害成本，加大低技术水平的污染性工业企业进入新市场的沉没成本，间接阻碍资源向污染产业流动，导致进入市场的传统污染型企业大幅度减少，取而代之的是以技术创新驱动为代表的清洁型、高效率能源转换企业、生产性服务企业数量的增加。因此，成长型和再生型城市的产业结构调整可以趋于高度化，这样，因大气污染防治行动而形成绿色产业进入壁垒，能够抑制污染密集型产业规模扩张，产业组织会呈现多元化，逐步推动产业结构向高端化转变。基于以上分析，提出以下假设：

假设 2：大气污染防治行动通过产业结构高度化削弱"资源诅咒"。

我国将近一半的资源型城市主体资源内核动力严重不足，地区产业结构单一，难以在短时间内开发可替代产业。综合来看，资源型城市产业结构仍然以第一、第二产业为主，较少涉及第三产业，第三产业附加值有限，导致地区经济新增长极发展动力严重不足。有学者发现，在多重环境政策的影响下，污染行业中的绝大多数企业在不断革新的过程中对生产流程进行了改进，过渡到生产性服务业，实现行业的多样化集聚，进而实现地区加工业升级，强化资源利用的正外部性，最终使自然资源成为实现产业结构合理化的突破点。所以结合资源型城市排污方式来看，《大气污染防治行动计划》的实施能够有效地推动污染行业进行调整，使相对稀缺的资源得到有效利用和合理配置的同时，也使高污染行业、能源开发行业、生产性服务业等相关行业由于产业之间的互动而产生整合资源的能力，使产业之间的关系更加协调。在这个过程中，经济系统也会自动寻找新的增长极，催生质量更优的替代性资源，从而形成具有地区特色的转型格局。基于以上分析，提出以下假设：

假设3：大气污染防治行动通过产业合理化削弱"资源诅咒"。

大气污染防治行动削弱"资源诅咒"的传导机制如图4.1所示。

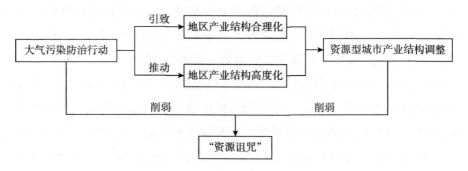

图4.1　大气污染防治行动削弱"资源诅咒"的传导机制

4.2.3　研究设计与变量说明

1. 研究设计

基于上述政策背景分析，首先需要验证大气污染防治行动是否会削弱资源型城市的"资源诅咒"，然后需要验证大气污染防治行动能否通过推动地区产业结构合理化、产业结构高度化这两个途径削弱"资源诅咒"。

我国于2013年出台《大气污染防治行动计划》，这项政策一直处于动态调整中，形成了良好的自然实验环境。本节将这项环境政策看作一次准自然实验，利用双重差分法评估资源型城市的环境绩效。除去森林工业城市及数据严重缺失的地级资源型城市，研究样本为109个资源型城市，使用DID评估大气污染防治行动对资源型城市的环境绩效。根据建立DID模型的基本步骤，先构建两个虚拟变量：

1）个体虚拟变量。将59个高污染型矿产资源型城市定义为实验组，其余资源型城市定义为对照组，实验组定义为1，对照组定义为0。

2）政策时间虚拟变量。2013年及之后定义为1，2013年之前定义为0。

具体模型如下：

$$Y_{i,t} = \alpha_0 + \alpha_1 \text{city}_i + \alpha_2 \text{year}_t + \beta_1 \text{city}_i \cdot \text{year}_t + \alpha_3 X_{i,t} + \varepsilon_{i,t} \tag{4.6}$$

因为PSM-DID既能解决因遗漏变量而导致的内生性问题，又能解决模型中存在的样本偏差问题，所以选用PSM-DID对相关结论的稳健性进行检验，具体步骤如下：

1）通过倾向得分匹配法（PSM）筛选出与实验组比较匹配的对照组。

2）将新实验组和新对照组引入 DID 模型，再次进行回归，具体模型为

$$Y_{i,t}^{\text{PSM}} = \alpha_0 + \alpha_1 \text{city}_i + \alpha_2 \text{year}_t + \beta_1 \text{city}_i \cdot \text{year}_t + \alpha_3 X_{i,t} + \varepsilon_{i,t} \qquad (4.7)$$

为了进一步探讨大气污染行动是通过何种途径削弱"资源诅咒"的，在式（4.7）的基础上加入政策差分变量与产业结构高度化和产业结构合理化的交叉项进行三重差分回归，设定模型为

$$Y_{i,t} = \alpha_0 + \alpha_1 Z_{i,t} + \beta_1 \text{city}_{i,t} \cdot \text{year}_{i,t} + \beta_2 \text{city}_{i,t} \cdot \text{year}_{i,t} \cdot Z_{i,t} +$$
$$\alpha_2 X_{i,t} + \gamma_t + \mu_i + \varepsilon_{i,t} \qquad (4.8)$$

以上式中，i 表示资源型城市；t 表示时间；$Y_{i,t}$ 表示"资源诅咒"直接影响的变量，本节指的是各个地区年均 $\text{PM}_{2.5}$；city 表示资源型城市虚拟变量，受到政策冲击的城市为 1，没有受到政策冲击的城市为 0；year 表示《大气污染防治行动计划》开始执行的时间，政策执行之前为 0，执行之后为 1；city·year 为实施《大气污染防治行动计划》的资源型城市虚拟变量，其系数是最主要的政策处理效应；$Z_{i,t}$ 表示选取的产业结构合理化指标（工业生产效率 $\text{labor}_{i,t}$）和产业结构高度化指标［开发性服务业和清洁性服务业多样化集聚度 ln（cd）］；$X_{i,t}$ 为控制变量，其中包括人均地区生产总值、政府支出、工业企业数目、资本密集度、对外开放度、资产利润率、教育水平、人口密度；$\varepsilon_{i,t}$ 为随机干扰项。

2. 变量说明

基于以上分析，选用 109 个资源型城市作为研究样本，研究时间区间为 2003—2017 年。研究数据来源于《中国统计年鉴》《中国城市统计年鉴》《中国环境统计年鉴》及中国经济信息网数据库。对于少数缺失值，采用线性插值法补充。

（1）核心变量

被解释变量为地区"资源诅咒"程度，用资源型城市的年均 $\text{PM}_{2.5}$ 浓度核算，数据来源是哥伦比亚大学发布的来自 MODIS、MISR 和 SeaWiFS 气溶胶光学深度（AOD）的全球年度 $\text{PM}_{2.5}$ 栅格数据库，缺失年份数据依照线性插值法用 ArcGIS 软件补齐。

解释变量一是工业生产效率（$\text{labor}_{i,t}$），评价的是资源型城市的资源配置能力和利用效率，能够比较直观地反映产业合理化水平，主要运用数据包络法（DEA）测算。

解释变量二是开发性服务业和清洁性服务业多样化集聚度 [ln (cd)]。参考刘奕的做法，行业多样化集聚采用赫芬达尔-赫希曼指数测度，具体核算方法如下：

$$cd_i = 1 - \sum_{i=1}^{109} N_{i,s}^2 \tag{4.9}$$

其中，s 表示行业种类数量；$N_{i,s}$ 表示资源型城市 i 第 s 个行业就业人数与该城市所有同类行业就业人数的比值。cd 值越大，表示该城市产业结构高度化水平越高。

（2）其他变量

控制变量的选取不仅对于研究经济个体间的数量关系有极其重要的意义，而且能够很好地解决因遗漏变量而导致的内生性问题。因此，本节基于前文的分析，选取如下控制变量进行实证研究。

工资水平 [ln (wage)]：因为工资水平是考量产业转型升级的关键变量，故选取研究地区的职工平均工资取对数的值代表该城市的工资水平。

工业发展水平 [ln (n)]：用工业企业数目衡量。工业发展水平是影响资源型城市工业转型发展的重要指标，工业企业个数越多，越有可能形成集聚效应，进而促使产业出现升级效应。

经济发展水平 [ln (rgdp)]：人均国内生产总值代表了一个城市的经济发展水平。因此，采用经 GDP 折算指数平减后的实际人均国内生产总值取对数进行衡量。

人力资本 [ln (edu)]：知识分子是促进社会发展的人力资本，考虑到资源型城市的实际情况，选取地区普通高等院校在校生人数取对数表征人力资本。

人口密度 [ln (den)]：在我国，资源型城市的人口密度是决定一个城市发展潜力的关键变量之一，并直接决定城市的收缩程度。

政府干预程度 (financial)：政府的决策是决定资源型城市发展方向的因素之一，本节选用财政支出减去教育支出后占地区 GDP 的比重衡量政府干预程度。

资产利润率 (apm)：企业的资产利润率能够表现其盈利能力及发展潜力，资源型城市的工业企业资产利润率越高，越有利于工业实现转型升级，因此采用规模以上工业企业的利润总额与固定资产和流动资产总和的比值表示资产利润率。

产业结构 (ins)：产业结构通常反映了城市不同产业的发展水平，采用第一产业的增加值占地区 GDP 的比重表征产业结构。

资产总值 [ln (asset)]：工业企业资产总值表明其发展和转型的潜力，采用规模以上工业企业固定资产与流动资产总和取对数表征资产总值。

资本密集度 [ln (k)]：资本越密集，为资源型城市开发性服务业和清洁性服务业发展提供规模性资金支持的能力越强，也越有利于资源型城市工业实现转型升级。采用工业企业固定资产总值与就业人数的比值表征资本密集度。

变量定义及描述性统计见表 4.8。

表 4.8　变量描述性统计（$N=1635$）

变量	核算方式	均值	方差	最小值	最大值
$PM_{2.5}$浓度	年均 $PM_{2.5}$ 浓度	33.90	16.15	4.66	82.34
labor	采用 DEA 测算工业生产率	0.317	0.311	0.027	10.200
ln (cd)	采用赫芬达尔-赫希曼指数测度	1.739	0.285	0.680	4.383
ln (rgdp)	地区人均生产总值取对数	9.330	0.677	7.760	12.280
financial	财政支出减去教育支出后占地区 GDP 的比重	0.139	0.080	0.028	0.913
ln (den)	地区人口密度取对数	5.478	0.896	2.305	6.972
ln (wage)	工业企业职工平均工资取对数	9.540	0.473	2.283	11.370
ln (n)	工业企业数目取对数	5.949	0.905	3.611	8.331
ln (k)	工业企业固定资产总值与就业人数的比值	12.59	1.05	9.07	17.14
ln (asset)	固定资产与流动资产总和取对数	14.82	0.87	11.29	17.54
apm	工业企业利润总额与固定资产和流动资产总和的比值	0.080	0.082	−0.104	0.816
ins	第一产业的增加值占地区 GDP 的比重	15.06	8.87	0.32	45.21
ln (edu)	地区普通高等院校在校生人数取对数	2.45	2.65	0	14.08

表 4.8 的描述性统计中，样本数为 1635 个；为保证模型估计结果的稳健性，对数据作无量纲化处理；与价格有关的变量均转化为以 2003 年为基准期的实际值。

4.2.4 实证结果及分析

1. 《大气污染防治行动计划》对资源型城市经济"资源诅咒"效应的初步检验

依据假设 1 并结合式（4.6）所示的计量模型，为了考察大气污染防治行动能否削弱"资源诅咒"，采用 DID 进行了初步检验，回归结果见表 4.9。表 4.9 中第（1）列差分回归主要体现的是不加入协变量的检验结果，第（2）列差分回归体现加入一系列控制变量后的结果，第（3）列差分回归体现的是将城市个体效应和时间效应进行双固定的结果。由结果可知，政策处理效应即互动项的回归结果为负，并且在 1% 的水平上显著，充分说明大气污染防治行动对资源型城市的"资源诅咒"有明显的削弱和抑制作用。当控制了时间和个体效用后，政策处理效应的系数变大，与此同时，实验期效应在 10% 的水平上显著为负，这说明《大气污染防治行动计划》颁布后确实在一定程度上有效改善了资源型城市的环境问题。第（4）列回归结果表明粗放式的开发和资源加工在短期内对经济的增长起到了一定的促进作用，但是会在 1% 的显著性水平上使工人工资水平下降 50.07%，而且人口密度显著减小，人力资源的整体水平也会受到一定的负面影响。从可持续发展的角度来看，这一现象很容易加速资源型城市的收缩，严重降低地区经济增长速度。总体来说，开展大气污染防治行动后，$PM_{2.5}$ 浓度会在 5% 的水平上显著降低 19.25%，这一结论充分验证了假设 1。

表 4.9 大气污染防治行动对"资源诅咒"效应的影响（$N=1635$，$i=109$）

变量和指标	(1)	(2)	(3)	(4)
	$PM_{2.5}$浓度			
city·year	−0.1903***	−0.2414***	−0.1903***	−0.1925**
	(−0.497)	(−0.426)	(−0.410)	(−0.957)
time	0.308	0.369	−1.056*	−0.293*
	(0.366)	(1.514)	(−0.573)	(−0.797)
treated	3.926	−1.155	3.926	−2.431***
	(2.990)	(−1.592)	(2.988)	(−0.594)
ln（rgdp）	—	−0.462**	—	0.621***
		(−0.672)		(0.672)
financial		0.264		0.380***
		(2.644)		(3.966)

变量和指标	(1)	(2)	(3)	(4)
	PM$_{2.5}$浓度			
ln（den）	—	−0.620 ***	—	−0.630 ***
		(−0.848)		(−0.329)
ln（wage）	—	−0.2180	—	−0.5007 ***
		(−0.501)		(−0.736)
ln（n）	—	0.2990 ***	—	0.2843 ***
		(0.382)		(0.366)
ln（k）	—	−0.1720	—	−0.0989 ***
		(−0.243)		(−0.247)
ln（asset）	—	−0.549 ***	—	−0.211
		(−0.283)		(−0.298)
apm	—	−0.5245 ***	—	−0.7414 **
		(−1.781)		(−2.978)
ins	—	−0.0824 *	—	−0.2460 ***
		(−0.0444)		(−0.0375)
ln（edu）	—	−0.209 *	—	−0.310 *
		(−0.111)		(−0.110)
cons	3.202 ***	2.812 ***	3.019 ***	3.232 ***
	(2.200)	(8.988)	(2.227)	(9.430)
城市效应	NO	YES	NO	YES
时间效应	NO	YES	NO	YES
R^2	0.3348	0.3511	0.3150	0.3755

2. 基于 PSM-DID 的检验

（1）样本匹配效果检验

为了避免选取的实验组和对照组的对比趋势存在系统性偏误，从而降低双重差分结果的可信度，利用 PSM-DID 对结果进行稳健性检验。

用 PSM-DID 对选取的资源型城市样本进行逻辑回归，重新进行倾向得分匹配，得分最接近的成为最佳的实验组和对照组，这是对 DID 结论的验证和补充。在进行稳健性检验前先进行相关检验，对地区年均 PM$_{2.5}$浓度进行最近邻匹配，同时绘制匹配前后的实验组和对照组的概率密度对比图，结果如图 4.2、图 4.3 所示。

由图 4.2 和图 4.3 可以看出匹配前后差异明显，匹配后的实验组和对照组的概率密度分布高度相似，匹配的偏差小于 5%，相当接近。这充分说明匹配效果良好，使用 PSM-DID 进行检验是合理的。

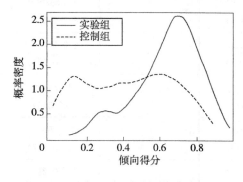

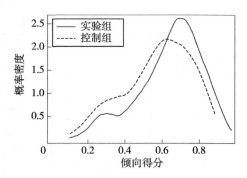

图 4.2　匹配前倾向得分概率密度对比　　图 4.3　匹配后倾向得分概率密度对比

（2）大气污染防治行动对资源型城市的 PSM-DID 检验

结合式（4.7）所示的计量模型，运用 PSM-DID 进一步检验大气污染防治行动对资源型城市的"资源诅咒"是否存在削弱作用，回归结果见表 4.10。

表 4.10　基于 PSM-DID 的模型再检验（$N=1635$）

变量和指标	(1)	(2)	(3)	(4)
	$PM_{2.5}$浓度			
DID 结果	0.097 ** (2.469)	−0.002 (−0.488)	−0.050 ** (2.422)	−0.023 *** (−3.226)
ln（rgdp）	—	−0.192 *** (−3.220)	—	−0.382 *** (−3.410)
financial	—	0.439 *** (2.673)	—	0.765 ** (0.292)
ln（den）	—	0.015 *** (3.927)	—	−0.248 ** (−2.463)
ln（wage）	—	−0.750 (−1.379)	—	−0.517 (−1.047)
ln（n）	—	0.773 *** (4.507)	—	0.739 * (1.879)
ln（k）	—	0.524 *** (3.122)	—	−0.179 * (−0.742)

变量和指标	(1)	(2)	(3)	(4)
	PM$_{2.5}$浓度			
ln（asset）	—	−0.505 *** (−4.764)	—	−0.604 *** (−5.289)
apm	—	−0.393 (−0.192)	—	−0.270 *** (−2.882)
ins	—	−0.076 (−1.601)	—	−0.040 (−0.858)
ln（edu）	—	0.035 (0.296)	—	−0.091 (−0.807)
cons	34.082 *** (23.067)	31.318 *** (0.163)	34.079 *** (24.398)	33.790 *** (6.691)
城市效应	NO	NO	YES	YES
时间效应	NO	NO	YES	YES
R^2	0.279	0.340	0.367	0.308

通过对比 DID 和 PSM-DID 的实证结果可以看出，在控制时间和个体效应后，大气污染防治行动对资源型城市的"资源诅咒"有一定的负向影响，虽然系数大小有一定的差异，但是总体的影响效果相同。尤其是加入控制变量以后，抑制作用更加明显。这说明《大气污染防治行动计划》生效后，对"资源诅咒"效应起到最直接削弱作用的是企业。由于资源型地区的大部分工业企业开发和开采加工资源的技术水平较低，企业数目较多且规模较小，导致资源型城市的污染问题加重，经济发展速度放缓。当地区工业资产利润率在 1% 的显著性水平上提高时，PM$_{2.5}$的浓度会降低一定幅度。这再次验证了假设 1。

3. 反事实检验

为了再一次验证实证结果的稳健性，采用反事实方法进行检验。选取 2005 年和 2009 年作为政策节点进行检验，因为选取的资源型城市样本在 2005—2009 年"两控区"政策对大气污染排放有一定的控制作用，但只是对二氧化硫污染和酸雨的控制。随着大气污染防治工作不断深化，细颗粒物（PM$_{2.5}$）成为影响大气质量的主要污染物。反事实检验回归结果见表 4.11。

表 4.11　反事实检验回归结果（$N=1635$）

变量和指标	(1)	(2)	(3)	(4)
	2005 年 PM$_{2.5}$浓度		2009 年 PM$_{2.5}$浓度	
DID 结果	0.440 (0.767)	−0.351 (−0.614)	0.383 (0.406)	−0.406* (−0.52)
ln (rgdp)	—	−2.181*** (−3.116)	—	−2.165*** (−3.100)
financial	—	−0.001 (0.000)	—	−0.030 (−0.012)
ln (den)	—	−0.149** (−2.416)	—	−0.139** (−2.412)
ln (wage)	—	0.514 (1.037)	—	0.521 (1.050)
ln (n)	—	0.807** (2.046)	—	0.805** (2.040)
ln (k)	—	−0.199 (−0.822)	—	−0.196 (−0.811)
ln (asset)	—	−1.282*** (−4.472)	—	−1.278*** (−4.460)
apm	—	−5.527*** (−3.141)	—	−5.528*** (−3.141)
ins	—	−0.044 (−0.933)	—	−0.044 (−0.934)
ln (edu)	—	0.052 (0.460)	—	0.0516 (0.457)
cons	32.318*** (85.990)	36.468*** (6.268)	30.730*** (13.421)	36.120*** (6.251)
城市效应	YES	YES	YES	YES
时间效应	YES	YES	YES	YES
adj. R^2	0.271	0.303	0.112	0.303

从回归结果来看，2005 年交互项系数明显不显著，2009 年引入控制变量后只是在 10% 的水平上显著，效果不是特别明显。政策效应系数要么不显著，要么非常显著，甚至符号相反，说明大气污染防治行动对资源型城市的"资源诅咒"影

响效果明显，也说明研究结论是稳健的。

4.2.5　进一步分析

根据以上分析，可以基本得出大气污染防治行动对资源型地区的"资源诅咒"现象有一定的抑制和削弱作用的结论。为了进一步探讨《大气污染防治行动计划》对削弱"资源诅咒"效应的影响机制，引入劳动生产率和行业集聚系数 [ln（za）] 的交互项，依据式（4.8）所示的模型对假设 2 和假设 3 进行检验，回归结果见表 4.12。

表 4.12　大气污染防治行动削弱"资源诅咒"的机制分析（$N=1635$）

变量和指标	(1)	(2)	(3)
	PM$_{2.5}$浓度		
city·year·labor	−0.4121***	—	—
	(−4.367)		
labor	−0.303**	—	—
	(−0.681)		
city·year·ln（za）	—	−0.469***	—
		(−6.450)	
ln（za）	—	−0.352*	—
		(−0.635)	
city·year	−0.449	−1.575**	−0.594***
	(−0.838)	(−2.44)	(−5.250)
ln（rgdp）	−0.634***	−0.427***	−0.469***
	(−4.349)	(−3.520)	(−3.576)
financial	−1.211	−1.267	−1.289
	(−0.458)	(−0.490)	(−0.498)
ln（den）	−0.124	−0.381**	−0.229**
	(−1.062)	(−2.540)	(−2.477)
ln（wage）	0.002	0.587	0.537
	(0.003)	(1.197)	(1.097)
ln（n）	1.747***	0.649*	0.645*
	(4.304)	(1.662)	(1.651)
ln（k）	−0.580***	−0.279*	−0.257*
	(−3.479)	(−1.164)	(−1.073)

续表

变量和指标	(1)	(2)	(3)
	PM$_{2.5}$浓度		
ln（asset）	−0.221***	−0.506***	−0.462***
	（−6.184）	（−5.281）	（−5.138）
apm	−0.309	−0.587***	−4.569***
	（−0.658）	（−2.633）	（−2.618）
ins	−0.019*	−0.040*	0.042
	（−0.363）	（−0.854）	（0.906）
ln（edu）	0.163	0.127	0.124
	（1.318）	（1.133）	（1.104）
cons	8.156***	3.716***	3.439***
	（5.213）	（6.779）	（6.789）
城市效应	YES	YES	YES
时间效应	YES	YES	YES
adj. R^2	0.021	0.322	0.320

从表 4.12 中的回归结果可以看出，city·year·labor 和 city·year·ln（za）的系数都在 1% 的显著性水平上为负，这充分说明了大气污染防治行动可以通过调整资源型城市的产业结构的高度化和合理化有效削弱"资源诅咒"。两者的交乘项的符号虽然相同，但是对比其作用效果可以发现，产业结构高度化指标对"资源诅咒"的削弱作用较大，相较于产业结构合理化，能有效降低 5.7% 的 PM$_{2.5}$浓度。其削弱"资源诅咒"效应的路径表明，大气污染防治行动会影响开发性行业和清洁性行业对自身进行改造升级，通过技术改良和倒逼技术创新，有效提升资本密集度，吸引专业型人力资源，改变传统的生产方式，从而影响整个行业的发展趋势。与此同时，大气污染防治行动也通过调整产业结构、使其合理化提升了劳动生产率、资产利用率和资源配置能力，化解产能过剩，形成高效率的开发—加工产业链，实现将传统的工业生产开发模式转化为以技术创新为引擎的服务型开发模式，最终实现产业升级。以上描述与假设 2 和假设 3 的结论一致，即大气污染防治行动通过使产业结构合理化和推动产业结构高度化这两条途径能够有效削弱资源型城市的"资源诅咒"。

4.2.6　结论与政策启示

随着社会的发展，自然资源变得越来越稀缺，对环境与自然资源配置和利用方式的选择会对经济发展进程产生影响。在产业结构调整的过程中，将环境和自然资源看作一种稀缺的生产要素，纳入生产函数，把环境看作经济系统的一部分，使市场体系通过实现生产者和消费者利益最大化有效配置自然资源。可以说，对于资源型城市来讲，兴也资源，衰也资源，地区产业转型需要另寻潜在资源。本节基于 2003—2017 年我国 109 个资源型城市的面板数据，分别引入 DID 模型、PSM-DID 模型验证了三个假设，分析了大气污染防治行动对削弱资源型城市"资源诅咒"的影响机制。通过分析得出以下结论：

1）大气污染防治行动的实施的确在一定的显著性水平上削弱了资源型城市的"资源诅咒"，其中，在政策效应的实证检验中，系数均在 1% 的显著性水平上为负，说明《大气污染防治行动计划》有助于改善资源型城市生态环境。

2）大气污染防治行动可以促进地区产业结构合理化，重塑高污染资源型城市的产业结构，对造成外部不经济的企业进行改造和引导，增强政策的福利效果，进一步实现资源整合，构成"帕累托相关外部性"，使企业改革拉动行业转型，实现地区产业结构合理化，进而削弱"资源诅咒"。

3）大气污染防治行动可以促进地区产业结构高度化，提高技术与稀缺资源间的替代性。技术是解决人与环境冲突的重要手段，当物理性稀缺资源制约经济增长时，不断上升的相对成本会刺激技术进步，倒逼技术创新，出现经济质量更优的替代性资源，使资源型城市功能从生产型转为服务型，使开发性行业和清洁技术性行业形成多样化集聚，这样，自然资源就能够在各部门间流动，使得产业资源不断得到调整，最终削弱"资源诅咒"。

相关研究结论的政策指导意义有以下几点：

1）资源型城市政府及相关部门需不断贯彻落实《大气污染防治行动计划》的任务指标和行动指南，将《大气污染防治行动计划》作为地区环境规制的一个着力点，以政策引导的方式调整资源型地区产业结构转型升级，将"绿色国民经济核算"纳入工业企业业绩考核体系，正确反映资源型城市经济有效增长和其他经济增长极的潜在支撑力，从源头上解决成长型和成熟型资源型城市"资源诅咒"造成的大气污染问题。

2）依托《大气污染防治行动计划》间接调整地区产业结构，使其合理化，积极探索符合地区特色的新的经济引擎。由于污染严重破坏环境，人口密度减小，一些资源型城市收缩加速。政府部门应制定相关行业的人才引进计划，鼓励本地居民提升受教育水平，创造就业机会，避免劳动力严重流失，通过对人力资源进行合理配置提高要素配置效率，进而提升稀缺资源的有效配置水平。与此同时，要设立转型示范基地，鼓励产业链延伸和多元化，实现行业转型带动产业的转型升级，推动循环经济发展。

3）资源型城市在《大气污染防治行动计划》的引导下应加大力度促进生产性服务业集聚，使地区可利用资源要素深入战略性新兴产业，倒逼技术创新，引导产业的扩张，提高产业结构转换能力，扩大地区第三产业的产值规模，保证开发、加工和生产整个过程的连续性，促进节能减排技术的升级，加速第二、第三产业之间的相互转换和融合。通过间接促进资源型城市的产业结构高度化，使城市资源红利摆脱"资源诅咒"，实现资源型城市健康、持续、高质量发展。

第5章 环境规制与产业集聚

随着经济的发展，生态环境问题日益凸显，环境的制约问题也越来越突出，如何使环境规制更好地服务于产业集聚的发展成为现阶段亟须解决的问题。本章将以制造业为例，深入研究环境规制与产业集聚现象。

5.1 环境规制、全要素生产率与制造业产业集聚

5.1.1 引言

改革开放40多年来，我国经济在快速发展的同时出现了一些结构性问题，其中之一就是经济发展与资源、环境、生态之间的不平衡问题，我国经济的快速发展在一定程度上超出了资源、环境和生态的承载能力。针对经济与生态环境之间的不平衡，国家提出要转变经济发展方式，促进产业转型升级，加快经济绿色健康发展。经济新常态下，产业的转型升级有了新的内涵。产业的转型升级不是完全用新兴产业代替传统产业，而是指以产业集聚为基础的产业融合发展，最终实现产业结构从粗放型向集约型转变。《中国制造2025》中指出，把结构调整作为建设制造强国的关键环节，优化产业空间布局，培育一批具有核心竞争力的产业集群和企业群体，走提质增效的发展道路。为了推动制造强国建设，就要从经济效益和环境效益的可持续发展角度出发，积极促进制造业产业集聚的发展。因此，从环境规制角度出发，研究环境规制对制造业产业集聚的影响十分有必要。

科普兰（Copeland）和泰勒根据产业区位理论研究了经济贸易自由化带给环境的影响，研究结果表明，在经济自由化使各地区的贸易壁垒大大减少、地区环

境规制强度提升的情况下，污染密集型产业会转移到环境规制力度相对较弱的发展中国家，最终的结果是发达国家的环境污染状况得到明显改善，而发展中国家的环境污染越来越严重，发展中国家沦为"污染避难所"。克黑德（Kheder）运用新经济地理学模型分析了环境规制对企业选址的影响，发现法国在其他国家投资的同时出现了"污染避难所"效应。斯马兹辛斯卡（Smarzynska）等通过对微观数据（主要地区转型国家中的534个跨国公司）的研究分析证实了"污染避难所"假说。但国内学者对"污染避难所"有不同的认识。赵细康认为，从目前中国整体情况看，外商投资并没有呈现出大规模的污染产业转移倾向，虽然部分污染密集型产业转移到中国，但这些产业转移并非主要为了规避环境规制。陈红蕾认为，环境规制强度并不会直接影响外商直接投资的区位选择，即不存在"污染避难所"。何雄浪认为，环境污染状况必然会影响生产部门的生产成本，产业的集聚力会随着生产部门的流动发生变化。魏玮等通过实证研究认为，我国西部地区的新建企业更倾向于在环境规制力度较弱的地区选址。成艾华也认为，在我国产业转移的进程中，东部和中部大部分省区成为污染净转出区，西部大部分省区成为污染净转入区，所以西部地区成为我国的"污染避难所"。田光辉等通过研究发现，高污染行业在向环境规制力度弱的地区转移的同时也会向创新能力强的地区转移，即"污染避难所"假说与波特假说同时存在。

环境规制的强度必定会影响制造企业的选址决策，但是我国制造企业差异巨大。一些学者从企业所有制角度出发研究了环境规制对不同所有制企业选址决策的影响，认为私有制企业和合伙制企业对环境规制的反应比较敏感，而国有企业因为具有较强的议价能力对环境规制的反应不敏感。也有学者从生产要素角度探究了环境规制对制造业集聚的影响，认为企业所有制和生产要素差异综合体现为企业生产效率的差异，环境规制的实施会影响企业的生产效率。沈能将行业分为清洁行业和非清洁行业并进行了研究，结果表明，环境规制对制造业的生产效率产生正向影响，对清洁行业的正向作用比对非清洁行业显著。余东华和孙婷通过双层嵌套的迪克西特-斯蒂格利茨（Dixit-Stiglitz）模型发现环境规制显著正向影响制造业的国际竞争力，且对重度和中度污染企业的影响比对轻度污染企业的影响明显。黄庆华等认为，政府的减排政策对绿色全要素生产率的影响具有时效性，近期的环境政策能够促进绿色全要素生产率的提高，随着时间的推移，陈旧的环境政策则不仅无法促进绿色全要素生产率的提高，还会加剧环境污染问题。

综上所述，值得思考的是，在考虑企业生产率异质的条件下，环境规制是如何影响产业的选址决策的？因此，本章基于"新"新经济地理学的主要思想，即企业的异质性会影响企业的空间分布，研究环境规制通过作用于地区全要素生产率，进而对制造业产业集聚产生影响的机制。在理论分析的基础上，运用中介效应模型和面板门槛模型验证环境规制、地区全要素生产率与制造业产业集聚的内在机制，有助于深刻了解影响制造业产业集聚的因素，进而为区域政策的制定提供建议。

5.1.2　理论分析与研究假设

1. 环境规制与全要素生产率

地区环境规制的实施会直接导致企业生产成本增加，增加的这部分成本称为环境成本。环境成本会影响企业的生产行为，这种影响可以从短期视角和长期视角来分析。

从短期来看，环境成本的增加会直接降低企业的利润率。为了维持稳定的利润率水平，企业会将研发投入、管理培训等方面的资金转移到主要的生产投入中。研发投入的降低会使企业减少技术创新活动，而技术创新活动是企业全要素生产率提高的主要因素。另外，环境规制强度的提升会使企业减少管理培训等见效慢的活动，人力资本投入水平不高会直接影响企业员工的技术创造与创新能力，也会影响企业的整体运作效率，最终会降低企业的全要素生产率。但从长期来看，企业为了追求长远发展不能一味地减少在研发和管理培训方面的资金投入。在面临环境规制的情况下，企业会意识到自身发展的不足，而环境成本的增加也会倒逼企业进行技术创新，通过技术创新改变生产要素投入，提高资源利用率，提升清洁生产能力，提高全要素生产率。消费者的环保意识在逐步增强，他们更愿意消费绿色产品，市场需求的增加会促使企业进行绿色产品的研发活动。此外，随着环境规制政策的发展，国家出台了许多促进企业技术创新的政策，如环境补贴等，良好的政策环境会促使企业进行清洁技术的研发，提升清洁生产能力，进而提升本企业产品的竞争力，最终提升企业的全要素生产率。环境规制对全要素生产率的作用机理如图 5.1 所示。

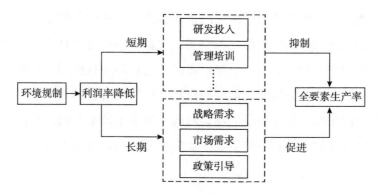

图 5.1　环境规制对全要素生产率的作用机理

综上所述，提出以下假设：

假设 1：环境规制对全要素生产率的影响曲线呈 U 形，即随着环境规制强度逐渐增强，环境规制对企业全要素生产率的影响路径为先抑制后促进。

2. 环境规制与制造业产业集聚

环境规制会重塑地区生产要素结构。环境规制通过重组地区生产要素结构影响企业的转移，进而影响产业集聚。当一个地区的环境规制强度提升，为适应环境规制的要求，各企业在进行生产活动时会改变自然资源生产要素的投入比例，以实现良好的环境效益和经济效益。由于各个地区的环境规制强度存在差异，环境规制必然会促进区域的生产要素流动，资本、劳动力会从环境规制强度较强的地区流向环境规制强度相对较弱的地区，而生产要素的流动也会导致企业的转移，所以环境规制会改变一个地区的生产要素结构。另外，对于新成立的企业来说，作为一种进入壁垒，环境规制本身也会影响企业的选址决策，企业会基于自身因素选择环境规制适度的地区建厂生产。

环境规制也会提高企业生产成本。一方面，若存在一个其他条件大致相同但是环境规制强度比某地区弱的地区，由于环境规制强度弱意味着环境成本低，企业必然会转移到环境规制强度弱的地区，这与"污染避难所"假说一致。另一方面，当环境规制强度增强，在企业生产总成本一定的情况下，环境成本的增加必然会"挤出"其他成本，这种"挤出"效应会影响企业的产品生产，也会影响企业的科研投入和创新绩效。如果技术引进和创新带来的利润增加无法抵消环境成本，即环境规制对企业不会产生创新补偿效应，企业的生产成本就会增加，当成本的增加大于企业的利润时，企业就会进行生产转移。环境规制影响产业集聚的作用机理如图 5.2 所示。

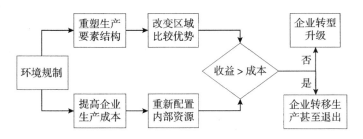

图 5.2　环境规制影响产业集聚的作用机理

综上所述，提出以下假设：

假设 2：地区环境规制会改变地区的生产要素结构和生产成本，进而影响企业的生产经营决策，最终影响企业的选址决策，重塑地区产业集聚状况。

3. 环境规制、全要素生产率与制造业产业集聚

在"新"新经济地理学之前，关于企业的选址研究都存在一个企业同质性假定的前提，这意味着企业的生产率不存在差异，企业的选址决策与企业的生产率水平无关，但这与现实情况存在很大差异。鲍德温（Richard Baldwin）在研究企业选址决策时考虑了企业的生产率异质性，认为企业的选址存在空间选择效应和分类效应。空间选择效应即高效率的企业往往选择中心地区，且中心地区更容易吸引高效率企业进入。随着高效率企业逐步转移至中心地区，中心地区的低效率企业会逐步向外围转移。

当一个地区的环境规制强度增强，企业面临着生产成本增加的压力，在考虑企业生产率异质性的前提下，投入相同的生产要素，一方面，生产率高的企业可以生产和销售更多产品，占有更大的市场份额，另一方面，生产率高的企业有更强的动机和能力进行技术改造和创新以适应环境规制的要求，从而获得更高的收益。最终的结果是生产率高的企业获得的利润更高，能在激烈的市场竞争中取胜。所以，在企业生产率异质的前提下，环境规制会促使生产率高的企业向中心地区集聚，异质性使企业进行了空间上的自我选择。当环境规制促使企业生产率提高而导致高生产率企业集聚时，中心地区的竞争逐渐加剧，致使中心地区生产率低的企业选择转移生产甚至退出市场。环境规制、全要素生产率与制造业产业集聚的作用机理如图 5.3 所示。

综上所述，提出以下假设：

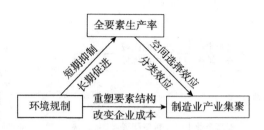

图 5.3　环境规制、全要素生产率与
制造业产业集聚的作用机理

假设 3：环境规制会通过影响企业全要素生产率改变制造业的产业集聚状况。具体来说，环境规制会通过提高全要素生产率使生产率高的企业向中心地区集聚，使生产率低的企业向外围地区转移，从而改变产业集聚状况。

5.1.3　模型假定与变量说明

1. 模型构建

根据科尼（Keney）提出的中介传导模型及温忠麟等根据中介效应的一般检验方法，将全要素生产率作为中介变量，探讨环境规制、全要素生产率与制造业产业集聚三者之间的关系，设计模型如下：

$$\text{tfp}_{i,t} = \alpha_0 + \alpha_1 \text{er}_{i,t} + \alpha_2 \text{er}_{i,t}^2 + \sum X_{i,t} + \mu_i + \varepsilon_{i,t} \tag{5.1}$$

$$\text{agg}_{i,t} = \beta_0 + \beta_1 \text{er}_{i,t} + \sum X_{i,t} + \mu_i + \varepsilon_{i,t} \tag{5.2}$$

$$\text{agg}_{i,t} = \gamma_0 + \gamma_1 \text{tfp}_{i,t} + \gamma_2 \text{er}_{i,t} + \sum X_{i,t} + \mu_i + \varepsilon_{i,t} \tag{5.3}$$

以上式中，i 表示年份，t 表示时间，tfp 表示全要素生产率，er 表示环境规制，$(\text{er})^2$ 表示环境规制的平方项，agg 表示制造业产业集聚程度，X 表示一系列控制变量。式（5.1）～式（5.3）代表的模型分别对应本章的假设 1、假设 2 和假设 3。

2. 变量与数据说明

（1）核心变量

1）制造业产业集聚。针对产业集聚的测算指标有很多，如行业集中度、赫芬达尔-赫希曼指数、区位熵指数、空间基尼系数、EG 指数等，各指标测算的方向和范围不同。行业集中度是最常用、最简单易行的绝对集中度的衡量指标。区位熵指数通过各产业部门在各地区的相对专业化程度间接反映区域间经济联系的结构和方向。EG 指数对数据的要求较高，需要用到企业微观数据。本节以区位熵指数测算制造业集聚程度。

2）环境规制。在我国，环境规制强度的测度方法有多种，总的来说有两类测量方法：第一类是单一指标测量法，如以各种污染物的排放量或达标率（如工业"三废"排放量或达标率）、污染治理投资额、排污费、环境信访作为环境规制的衡量指标。这类指标总体来说比较简单，但代表性不强，也无法真实表达环境规制强度。第二类是综合指标测量法。在综合指标测量方面，学者们采取的方法不尽相同。本节借鉴原毅军、谢荣辉构建环境指标的方法，采用政府污染治理支出、排污费、环境信访和人口密度四个单项指标构建环境规制综合指标。

3）全要素生产率。目前，国内测算全要素生产率的方法主要有 7 种，即指数法、数据包络法、随机前沿分析、普通最小二乘法、OP 方法、LP 方法和工具变量法，每种测算方法都有相应的侧重点。例如，数据包络法无须设定生产函数，效率被定义为产出的线性组合与投入的线性组合之比。基于研究目的，本节采用数据包络法，运用 deap 2.1 测算各行业的全要素生产率，投入指标为劳动力（各行业年末平均就业人数）和资本（各行业固定资产净额），产出指标为工业总产值。

（2）控制变量

本节将创新水平、人力资本水平、政府干预程度、交通状况、对外开放程度、基础设施建设、市场需求、政府税收水平、劳动力成本和城镇化作为控制变量，具体变量见表 5.1。

表 5.1　变量的描述性统计 （N=330）

变量	定义	平均值	标准差	最小值	最大值
agg	制造业产业集聚程度	0.894	0.624	0.158	3.295
tfp	地区全要素生产率	0.508	0.237	0.118	1.000
er	环境规制	0.536	0.230	0.034	1.091
$(er)^2$	环境规制的平方项	0.340	0.256	0.001	1.191
rd	创新水平	7.793	1.376	3.799	10.386
edu	人力资本水平	75.829	45.690	3.600	199.590
govern	政府干预程度	0.218	0.095	0.083	0.626
traffic	交通状况	0.906	0.523	0.068	2.513
open	对外开放程度	0.311	0.389	0.001	2.644
infra	基础设施建设	0.692	0.224	0.239	1.371

续表

变量	定义	平均值	标准差	最小值	最大值
market	市场需求	4.078	0.531	2.502	5.238
revenue	政府税收水平	3.010	2.684	0.089	16.558
lcost	劳动力成本	10.546	0.428	9.654	11.694
czh	城镇化	0.529	0.138	0.274	0.896

本节研究数据的时间跨度为 2006—2016 年，地域上包括全国 30 个省份，因西藏、香港、澳门、台湾的数据有缺失，暂不列入研究范围。研究数据来自《中国统计年鉴》《中国工业经济统计年鉴》《中国环境统计年鉴》《中国劳动统计年鉴》《中国科技统计年鉴》等。

5.1.4 实证结果及分析

1. 单位根检验

为防止出现非平稳时间序列引起的伪回归问题，采用长面板单位根（LLC）检验方法，检验结果见表 5.2，所有变量都是平稳的，说明后续实证检验有效。

表 5.2　LLC 检验

变量	LLC 检验	结论
agg	−16.70	平稳
er	−5.02	平稳
(er)²	−6.14	平稳
rd	−7.67	平稳
edu	−8.53	平稳
govern	−7.43	平稳
traffic	−5.50	平稳
open	−4.74	平稳
infra	−8.44	平稳
market	−7.43	平稳
revenue	−7.5	平稳
lcost	−5.12	平稳
czh	−4.83	平稳

2. 中介效应分析

(1) 环境规制与区域全要素生产率

根据模型的设定，为避免因遗漏变量而引起的估计偏误和内生性问题，本次实证依次在方程中加入控制变量进行回归分析，得到模型1~模型5，以探究环境规制对全要素生产率的影响。具体结果见表5.3。

表 5.3　环境规制与区域全要素生产率回归结果

变量	模型 1	模型 2	模型 3	模型 4	模型 5
er	0.245 ** (2.12)	0.234 ** (2.32)	0.335 *** (3.13)	0.382 *** (3.52)	0.398 *** (3.67)
$(er)^2$	0.162 * (1.69)	0.210 ** (2.37)	0.262 *** (2.91)	0.298 *** (3.28)	0.299 *** (3.30)
rd	0.101 *** (6.13)	0.098 *** (4.47)	0.102 *** (4.3)	0.109 *** (4.81)	0.113 *** (5.07)
edu	—	0.047 *** (9.93)	0.05 *** (8.63)	0.058 *** (8.93)	0.057 *** (7.77)
govern	—	—	−0.452 *** (−2.60)	−0.423 ** (−2.44)	−0.377 ** (−2.7)
traffic	—	—	—	0.178 ** (2.40)	0.150 ** (1.97)
open	—	—	—	—	0.048 * (1.7)
cons	1.227 ** (11.01)	0.830 *** (22.13)	0.870 *** (21.8)	0.860 *** (21.51)	0.948 ** (16.43)

由表5.3中的回归结果可以看出，在依次加入控制变量的过程中，所有的模型均通过了显著性检验，结果稳定。检验结果显示，环境规制对全要素生产率的影响是正向的，环境规制强度越强，企业全要素产率越高，这与前文的结论一致。加入环境规制的平方项可以得出，环境规制对全要素生产率的影响曲线呈 U 形，这说明当环境规制的强度超过某一固定值后，对全要素生产率的影响就是正向的。在控制变量中，地区科研经费投入会促进企业全要素生产率的提高，也会直接促进地区科研水平的提高。一个地区高校在校生人数越多，代表该地区的创新能力越强，对全要素生产率将产生正向影响。政府干预水平对全要素生产率的影响为

负，说明政府对经济的干预程度越高，越不利于企业全要素生产率的提高。地区交通状况的改善能够促进当地企业与外界交流，也有利于人才流动，从而为当地企业的发展注入新活力，促进全要素生产率的提高。对外开放程度显示了一个地区的经济活跃程度，对外开放程度越高，地区全要素生产率越高。

（2）环境规制与制造业产业集聚

实证检验环境规制与制造业产业集聚的关系。在式（5.1）～式（5.3）所示的模型中依次加入控制变量后进行回归，均采用固定效应模型，结果见表5.4。

表 5.4　环境规制与制造业产业集聚回归结果

变量	模型 1	模型 2	模型 3	模型 4	模型 5
er	−0.200 *** （−3.97）	−0.172 *** （−3.49）	−0.106 ** （−2.10）	−0.101 ** （−2.06）	−0.106 ** （−2.23）
infra	0.280 *** （4.14）	0.264 *** （3.99）	0.358 *** （5.23）	0.361 *** （5.25）	0.148 ** （2.13）
open	—	0.180 *** （4.04）	0.150 *** （3.40）	0.152 *** （3.43）	0.101 ** （2.45）
traffic	—	—	0.443 *** （4.09）	0.412 *** （3.31）	0.420 *** （3.66）
market	—	—	—	0.019 *** （7.76）	0.016 *** （6.46）
rd	—	—	—	—	0.052 ** （7.28）
cons	0.807 *** （22.54）	0.748 *** （19.73）	0.058 *** （12.54）	0.041 *** （11.44）	0.988 ** （11.73）

由表5.4中的回归结果可以看出，在依次加入控制变量的过程中，所有的模型均通过了显著性检验，且检验结果稳定。结果显示，在目前阶段，环境规制对制造业产业集聚产生不利影响，环境规制强度越强，越不利于本地区的制造业产业集聚。企业往往更倾向于在环境规制强度弱的地区建厂生产，"污染避难所"假说当前在我国是存在的。基础设施建设和交通状况对制造业产业集聚产生负向影响。良好的基础设施条件能够为企业的发展提供良好的外部环境，为人们提供优质的生活环境，促进企业和人才集聚。制造业产品的生产地与消费地往往存在一定距离，良好的交通条件为材料和产品的运输提供了便利，在一程度上能够节约

运输成本，也会促进人才的流动。对外开放程度越高，越有利于制造业产业集聚。开放的市场环境大大提升了市场活力，在吸引外资、借鉴国外先进经验和商业交流方面吸引企业选址落户。科研水平的提高能够促使产业集聚。从根本上讲，制造业的发展离不开技术的支持，地区的科研投入力度越大，创新氛围越浓厚，越容易形成良好的创新外部环境，企业越倾向于集聚于此。

（3）环境规制、地区全要素生产率与制造业产业集聚

在式（5.3）所示的模型中加入控制变量进行回归分析，得到模型 1～模型 6，以检验环境规制、区域全要素生产率与制造业产业集聚的内在关系。回归结果见表 5.5。

表 5.5　环境规制、地区全要素生产率与制造业产业集聚的回归结果（$N=330$）

变量	模型 1	模型 2	模型 3	模型 4	模型 5	模型 6
tfp	−0.741 *** （−9.74）	−0.732 *** （−9.65）	−0.865 *** （−11.62）	−0.851 *** （11.62）	−0.882 *** （−12.26）	−0.881 *** （−12.35）
er	−0.132 *** （−3.86）	−0.112 *** （−3.36）	−0.110 ** （−2.32）	−0.095 ** （−2.04）	−0.114 ** （−2.53）	−0.104 ** （−2.31）
open	—	0.181 *** （4.54）	0.161 *** （4.27）	0.158 *** （4.26）	0.135 *** （3.73）	0.143 *** （3.98）
lcost	—	—	−0.181 *** （−6.27）	−0.123 *** （−3.75）	−0.298 *** （−5.75）	−0.225 ** （−3.86）
traffic	—	—	—	0.363 *** （3.21）	0.317 *** （2.89）	0.259 ** （2.34）
market	—	—	—	—	0.220 *** （4.73）	0.193 *** （4.09）
revenue	—	—	—	—	—	−0.019 *** （−2.60）
cons	1.343 *** （2.94）	1.271 *** （2.48）	3.140 *** （10.41）	2782 *** （8.78）	3777 *** （10.17）	0.125 *** （7.02）

由表 5.5 可知，全要素生产率、环境规制都通过了显著性检验，控制变量的回归结果也很显著。根据中介效应原理，在解释变量对被解释变量影响显著的基础上，若被解释变量对中介变量的影响显著，且在原模型加入中介变量后被解释

变量与中介变量均显著，则中介变量起部分中介作用；若被解释变量不显著而中介变量显著，则中介变量起完全中介作用。结果显示，回归方程加入全要素生产率之后，环境规制和全要素生产率对制造业产业集聚的影响在 5% 的水平上显著，说明全要素生产率在环境规制下对制造业产业集聚的过程起部分中介作用。当一个地区的环境规制强度提升，在环境规制的刺激下，部分企业利用自身优势进行生产技术创新，提高生产率，在一段时间内，如果技术创新的成本小于企业的转移成本，企业就不会转移；相反，如果企业的创新成本大于企业的转移成本，企业就会转移，从而改变地区制造业产业的集聚状况。环境规制通过作用于全要素生产率影响产业集聚状况。在控制变量中，对外开放程度、交通状况和市场需求会促进地区制造业产业集聚，劳动力成本和政府税收水平对制造业产业集聚的影响与之相反。

3. 门槛效应分析

利用面板门槛模型检验环境规制是否对制造业产业集聚产生门槛效应。以环境规制为门槛变量，设定全要素生产率为依赖变量。设定面板门槛模型如下：

$$\mathrm{agg}_{i,t} = \beta_0 + \beta_1 \mathrm{er}_{i,t} \cdot I(\mathrm{er}_{i,t} \leqslant \gamma) + \beta_2 \mathrm{er}_{i,t} \cdot I(\mathrm{er}_{i,t} > \gamma) +$$
$$\beta_3 \mathrm{tfp}_{i,t} + \sum X_{i,t} + \mu_i + \varepsilon_{i,t} \tag{5.4}$$

式中，γ 表示门槛值水平。用 F 值检验判断环境规制是否对制造业产业集聚产生门槛效应并确定相应的门槛值。经过 500 次抽样后得到结果。解释变量环境规制（er）的单门槛检验值通过了显著性检验，制造业产业集聚在 10% 的水平上通过了显著性检验，环境规制对制造业产业集聚的门槛值为 0.171。环境规制的双门槛检验值没有通过检验。这说明环境规制对制造业产业集聚产生了单门槛效应。门槛变量自抽样检验见表 5.6。

表 5.6　门槛变量自抽样检验

门槛检验	门槛值	F 统计量	P 值	抽样次数	显著性水平		
					1%	5%	10%
单门槛检验	0.171**	18.72	0.024	500	5.60	20.44	17.30
双门槛检验	0.508	5.82	0.682	500	32.23	20.10	16.35

根据以上环境规制门槛值测算结果，将环境规制划分为两个区间，区间一为 er≤0.171，区间二为 er>0.171，重点分析在不同的区间内环境规制通过影响全

要素生产率对制造业产业集聚的影响。不同的门槛值的回归结果见表5.7。

表 5.7　门槛值回归结果

变量和指标	系数	标准误差	t 统计量	P 值	95％置信区间
open	0.089	0.034	2.61	0.009	(0.021，0.156)
traffic	0.389	0.104	3.73	0.000	(0.183，0.594)
infra	0.310	0.075	4.09	0.000	(0.161，0.459)
market	0.733	0.289	2.54	0.012	(0.164，1.303)
lcost	−0.445	0.069	−6.38	0.000	(−0.583，−0.308)
czh	2.339	0.531	4.41	0.000	(1.294，3.385)
rd	0.050	0.029	1.73	0.084	(−0.006，0.108)
er≤0.171	−0.800	0.095	−8.42	0.000	(−0.988，−0.613)
er>0.171	0.593	0.078	7.54	0.000	(0.438，0.748)
常数项	3.732	0.587	6.36	0.000	(2.576，4.887)
R^2	0.52	—	—	—	—
F	35.53	—	—	0.000	—

由表5.7可以看出，当 er≤0.171，即环境规制强度较弱时，环境规制对制造业产业集聚产生负向影响。地区环境规制强度每提高10％，地区制造业的集聚程度下降8％。环境规制强度提高之后，基于遵循成本假说，环境规制强度的提升会挤占创新投入，抑制企业全要素生产率的提高，最终使生产效率低的企业从发达地区转移至欠发达地区。企业通过分类效应重新选址，影响了区域产业的集聚状况。这个区间处于典型的"污染避难所"假说阶段。由上文的分析可知，我国目前尚处在这一阶段。当一个地区的环境规制强度提高，部分企业会因环境成本的上升减少科研活动投入，而生产率的下降会促使企业遵循分类效应，最终退出竞争激烈的中心市场，这与前文的机理分析相符。

当地区环境规制强度超过某一固定值，即 er>0.171 时，环境规制对产业集聚产生正向影响。地区环境规制强度每提高10％，制造业的产业集聚状况提高5.93％。在环境规制强度超过0.171后，环境规制强度的提升会刺激企业进行技术革新，技术革新带来生产效率的提高，因为空间选择效应，欠发达地区的高生产率企业会逐渐向比较发达的地区转移，而企业的选址决策会影响地区的产业集聚状况。由此可知，环境规制对制造业产业集聚程度的影响与环境规制的强度有关，环境规制的实施必须跨过一定阶段后才能够促进制造业产业集聚。

5.1.5　结论及政策启示

本节通过构建中介效应模型分析了环境规制、全要素生产率与制造业产业集聚的关系，并且通过面板门槛模型分析了环境规制对制造业产业集聚是否存在门槛效应。研究结论如下：

1）环境规制对全要素生产率的影响存在阶段性特征。在环境规制实施初期，即环境规制强度较弱的时期，环境规制对企业全要素生产率产生负向影响。随着环境规制的强度提升，企业的环境成本增加，出于长远发展的需要，企业会进行技术革新，增强清洁生产能力。市场对绿色产品的需求和国家对绿色生产技术的补贴也为企业的创新提供了动力，科研投入的增加最终会提高企业的全要素生产率。

2）当前，"污染避难所"假说在我国依然存在。环境规制通过重塑地区生产要素结构和增加企业生产成本影响企业的生产决策。在我国当前阶段，环境规制对制造业产业集聚产生负向影响，表明"污染避难所"假说在我国依然存在。

3）全要素生产率在环境规制影响制造业产业集聚过程中发挥中介作用。环境规制会通过影响全要素生产率影响制造业的产业集聚。中介效应模型分析和面板门槛模型分析表明环境规制对制造业产业集聚产生了门槛效应，环境规制对制造业产业集聚的作用为先抑制后促进。在我国当前阶段，环境规制通过影响全要素生产率对制造业产业集聚产生负向作用，这说明我国环境规制还有很长一段路要走，可以适当提高环境规制强度，促进企业全要素生产率的提升。

从以上结论中可得到如下政策启示：

1）加大环境规制实施力度。粗放型经济发展方式已经造成了不可逆转的环境恶化问题。党的十八大以来，国家对环境问题的重视显现出初步成效，因此环境规制必须继续执行下去，并且要掌握好实施的力度和速度。研究表明，环境规制对全要素生产率的影响曲线为倒 U 形，所以应继续加大环境规制实施力度，利用环境规制倒逼企业进行绿色技术革新。

2）注重营造良好的创新环境。地区全要素生产率在环境规制下对制造业产业集聚发挥着重要的中介作用，要想促进制造业产业集聚与产业升级，就要注重提升企业的生产效率。要营造良好的创新环境，政府部门在制定环境规制政策的过程中要奖惩分明，一方面要加大环境污染惩罚力度，另一方面要制定和颁布促进企业绿色生产技术革新的补贴条例，鼓励企业积极进行技术革新，从根本上改善企业的污染排放情况。

3）打破地方保护的观念。由环境规制引起的制造业产业转移与地方政府的政策存在很大关系，地方政府为了吸引外来投资往往会降低本地区的环境标准。因此，在国家层面应做好地方政府之间的协调工作，把对地方政府的考核与生态环境标准结合起来，采用科学的评价标准，做好各地区的发展规划，促进社会的可持续发展。

5.2　地方环境规制与绿色全要素生产率提升

5.2.1　引言

20 世纪 70 年代，我国成立了第一个生态环境保护机构——"三废"利用领导小组，积极引导社会主义生态文明建设。传统工业乘着改革开放的列车给人民群众带来了巨大的经济红利，与此同时也给我国的生态环境保护工作带来了一定的挑战。当前，我国粗放型的经济发展模式还没有彻底转变，部分高耗能、高污染企业的存在在一定程度上影响了生态环境的改善。据统计，我国每年因环境污染造成的经济损失就高达 6000~18 000 亿元人民币，占 GDP 总量的 5.8%。由此可见，当前我国生态环境的改善仍旧需要相关政策的干预和引导。有效解决环境规制倒逼增长方式转型这一难题，必须按照党的十九大报告所强调的，坚持质量第一、效益优先，以供给侧结构性改革为主线，推动经济发展质量变革、效率变革、动力变革，提高全要素生产率。

我国目前正处于第四次工业革命的前沿，环境规制作为政府解决环境污染市场失灵问题的重要手段，在调整要素投入结构的同时也对生产方式的转变和生产效率的提升产生了影响。在此环境下，绿色全要素生产率的评价标准比全要素生产率更符合绿色经济的要求。政府通过环境规制不断施加环境约束会对工业企业的生产方式产生怎样的影响，会对区域间的工业发展模式产生怎样的影响，这些问题的解决都成为通过环境规制政策提升创新水平、实现资源优化配置的必经之路。相关政府部门应充分考虑到我国经济发展的二元特征，改善资源配置扭曲效应和技术效应，激发环境规制的外部性，提升全要素生产率，实现传统工业在技术层面的转型升级。

5.2.2 理论模型与研究假设

1. 模型构建

在借鉴索洛经济增长模型和谢荣辉构建的绿色索洛模型的基础上，将地区节能减排后的能源投入作为生产要素纳入生产函数，全面分析如何使节能减排投入在工业生产中实现利润最大化。本节将构建基本理论模型，然后进一步拓展。

（1）基本理论模型

假设一生产部门 X 包括 a 地区生产部门 X_a 和 b 地区生产部门 X_b，a 地区与 b 地区的商品和劳动力可以自由流动，所有的中间产品投入都用于最终产品的生产。假设 a 地区和 b 地区生产一种产品，产量用 Y 表示，生产要素包括劳动力、资本和节能减排后的能源投入，其生产函数为柯布-道格拉斯生产函数的一般形式，即

$$Y(t) = A\alpha(t) \cdot F(K,L,R) = A(t) \cdot K(t)^\alpha \cdot L(t)^\beta \cdot R(t)^\lambda \qquad (5.5)$$

其中，$Y(t) = Y_a(t) + Y_b(t)$，$R(t)$ 表示节能减排后每一生产周期新增的能源投入，α、β、λ 分别表示资本、劳动力、考虑了节能减排后的能源投入对产出的贡献份额，且 $\alpha>0$，$\beta>0$，$\lambda>0$，$\alpha+\beta+\lambda=1$（规模报酬不变）。对生产部门污染排放做相关假设，假设每单元产出的污染物伴随的排放量为 μ，相应地，生产部门会将占比为 γ 的产出用作治理防护费用，则产量 $Y(t)$ 可视为计划产出，而实际产出为

$$Y'(t) = (1-\gamma)Y(t) \qquad (5.6)$$

将考虑污染排放的函数设为

$$\begin{aligned} Z &= \mu Y(t) - \mu Z_A(Y(t), \gamma Y(t)) \\ &= \mu Y(t) \cdot [1 - Z_A(1,\gamma)] \end{aligned} \qquad (5.7)$$

其中，Z 为 a 地区和 b 地区的污染排放总量，A 为生产技术进步，A_p 为污染减排技术进步，令 $a(\gamma) = 1 - Z_A(1,\gamma)$，其即为减排强度函数。因为该函数与污染减排技术成负相关关系，所以将其设定为 $a(\gamma) = A_p^{-1}(1-\gamma)^\varepsilon (\varepsilon>0)$，$A_p$ 表示与污染减排相关的技术，其技术进步的速率为 V_A，则污染排放总量的最终函数为

$$Z = \mu Y(t) A_p^{-1}(1-\gamma)^\varepsilon \qquad (5.8)$$

由此，可以得出部门 X 的绿色增长模型的联立方程组：

$$\begin{cases} Y(t) = (1-\gamma)A(t) \cdot K(t)^\alpha \cdot L(t)^\beta \cdot R(t)^\lambda \\ Z = \mu A_p^{-1}(1-\gamma)^\varepsilon Y(t) \\ K(t) = sY(t) - \delta K \\ \dfrac{k'}{k} = s\dfrac{Y'}{K} - (\delta+h) \end{cases} \qquad (5.9)$$

其中，s 为储蓄率，在索洛模型中 s 是固定不变的；h 为劳动增长率。在短期内，假设部门 X 面临的能源供给是充足的，能源消耗速率为 r，即能源投入 $R_S = rR$。

从长期来看，能源供给量是固定的，随着能源的不断投入及能源消耗总量的不断增加，能源总量一定会呈减少趋势，部门 X 最终面临的问题是可耗竭性资源总量呈现稀缺趋势。因此，在长时间内，节能减排之后的能源投入的增长率为 $-b$，则能源投入 $R_L = -bR(b>0)$。

将式（5.9）中人均生产函数和污染排放函数的两边取对数，同时对等式两边的变量 t 求导，可得到短期内和长期内产出和污染排放增长率的表达式。

短期内人均实际产出 y 及人均污染排放量 z 的增长率为

$$g_S^y = \frac{y'}{y} = \frac{k'}{k} = \frac{g + \lambda r}{1 - \alpha} \tag{5.10}$$

$$g_S^z = \frac{z'}{z} = g_S^y - g_A = \frac{g + \lambda r}{1 - \alpha} - g_A \tag{5.11}$$

长期内人均实际产出 y' 及人均污染排放量 z 的增长率为

$$g_L^y = \frac{y'}{y} = \frac{k'}{k} = \frac{g - \lambda r}{1 - \alpha} \tag{5.12}$$

$$g_L^z = \frac{z'}{z} = g_L^y - g_A = \frac{g - \lambda r}{1 - \alpha} - g_A \tag{5.13}$$

其中，g_A 为技术进步率。

（2）模型分析

从投入和产出角度来看，由式（5.10）和式（5.12）可知，不论短期还是长期，两地区生产部门 X_a 和 X_b 的人均实际产出增长率均主要由技术进步率和能源消耗率决定。由于都满足条件 $g \geq 0$ 且 $h \geq 0$，所以短期内，在技术水平不断提升且能源投入不断积累的情况下，经济会实现持续增长。长期内，由于能源投入是有限的，能源投入不断减少会直接影响到部门 X 后期的产出水平，使投入和产出曲线呈倒 U 形。如果技术进步率大于能源投入边际产出的增长率，即 $g > \lambda r$，则 $g_L^y > 0$，即技术进步能够在一定范围内降低能源短缺对产能增长的约束效应；当 $g = \lambda b$，则 $g_L^y = 0$，即部门 X 的生产活动停止；当 $g < \lambda r$，则 $g_L^y < 0$，这表示市场需求的增加会引起部门 X 长期均衡的反方向变动，可能导致部门 X 退出生产。

（3）拓展理论模型

如果将根据部门 X 绿色增长基础模型构建的联立方程组［式（5.9）］中的技术因子 $A(t)$ 界定为传统的全要素生产率，就无法与实际的投入和产出相对应。所以，为了与考虑到能源环境因素的生产函数相匹配，需要改善技术因子 $A(t)$ 的最佳表示方式，需要在传统的全要素生产率的基础上引入"绿色"的概念，即在考虑能源约束的同时还需要考虑产品产出后经济主体保护生态的规模报酬。为此，可将技术因子 $A(t)$ 拓展为绿色全要素生产率，此时式（5.5）变形为

$$Y(t) - C_z(t) = A(t)' \cdot K(t)^\alpha \cdot L(t)^\beta \cdot R(t)^\lambda \tag{5.14}$$

其中，$C_z(t) = \gamma Y(t)$，表示污染防控投入；$A(t)'$ 表示绿色全要素生产率。绿色全要素生产率可以分解为技术进步指数 $\text{TE}(t)$ 和技术效率变动指数 $\text{EF}(t)$，可表示为

$$A(t)' = \text{EF}(t) \cdot \text{TE}(t) \tag{5.15}$$

将式（5.15）代入式（5.14），可推导出

$$Y(t) - C_z(t) = [\text{EF}(t) \cdot \text{TE}(t)] \cdot K(t)^\alpha \cdot L(t)^\beta \cdot R(t)^\lambda \tag{5.16}$$

将式（5.16）先进行微分再取对数，可得出

$$d(Y-C) = d(\text{TE}) + d(\text{EF}) + \alpha d(K) + \beta d(L) + \lambda d(R) \tag{5.17}$$

索洛经济增长模型在考虑节能减排成本后实际产出的增加和资源、能源与环境的损耗的基础上表明经济增长可以通过提升绿色技术效率、促进绿色技术进步、加大能源投入实现。同时，索洛经济增长模型表明节能减排在使成本降低、污染减少的同时能够实现绿色全要素生产率的提升，最终实现生产部门的良性循环。因此，绿色索洛模型中的技术进步在一定程度上能够反映绿色技术的动态变化。

2. 研究假设

根据上面的理论模型分析，提出以下几个研究假设：

假设 1：在其他条件相同的情况下，适当的环境规制有利于绿色生产率的提升，并且区域间的环境规制政策对绿色全要素生产率的提升具有空间溢出效应。

假设 2：在地方环境规制的作用下，绿色全要素生产率分解项中的技术进步对绿色全要素生产率的提升起到关键作用。

假设 3：上述分析中指出，环境规制对绿色全要素生产率存在倒 U 形的非线性影响。所以，由式（5.15）可知，在不同环境规制强度下，技术进步对绿色全要素生产率具有门槛效应。

5.2.3　研究设计与变量说明

1. 研究设计

基于以上理论假设，首先需要检验环境规制对绿色全要素生产率是否具有空

间溢出效应。采用空间计量方法对环境规制与绿色全要素生产率之间的关系进行研究。

2. 变量与数据说明

以 2005—2017 年全国 30 个省、自治区、直辖市（为保证数据的完整性，西藏、香港、澳门、台湾地区未做相关研究）为研究对象，相关数据来源于 2006—2018 年各省区市统计年鉴、《中国环境统计年鉴》《中国环境年鉴》《中国科技统计年鉴》《中国区域经济统计年鉴》、中国工业企业数据库、部分地区统计年报。

（1）核心变量

1）绿色全要素生产率（gtfp）。自法勒（Fare）等将马姆奎斯特（Malmquist）生产率指数与 DEA 理论相结合之后，其他学者通过构建基于方向性距离函数的马姆奎斯特-卢恩伯格（Malmquist-Luenberger）生产率指数，将其扩展为可以测度的包含环境因素的 ML 生产率指数。该指数被广泛应用于考虑环境规制的绿色指标测算问题中。

2）环境规制（er）。将地区政府正式环境规制指标和非正式环境规制指标采用熵权法合成。其中，正式环境规制指标由行政化指数（工业污染治理实际完成总额/工业增加值）、市场化指数（排污总支出/GDP）合成，非正式环境规制指标由本地政协环保提案数、本地环境问题群众信访次数合成。

（2）其他变量

本节选用的控制变量包括：产业规模（stru），用工业总产值与 GDP 之比度量；要素禀赋结构（estru），用资本与劳动力之比度量；政府干预程度（gov），用地方财政一般预算支出与 GDP 之比度量；失业率（sy）；投资开放水平（fdi），用地方外商直接投资与地区 GDP 之比度量，其中，外汇以当年汇率折合成人民币计量；经济发展水平（egdp），用地区社会产品和服务的产出总额与地区总人口之比度量；能源消耗量（ec）；社会消费品零售总额（cr）；研发强度（rdl），用各地区研发人员全时当量度量；工业企业数目（gon）；教育水平（hm），用人均受教育年限度量。其中，后五个控制变量作对数处理，用来消除异方差性。为保证模型结果的稳健性，对数据进行了量纲差异消除处理，涉及价格波动的变量均转化为以 2000 年为基准期的数据结果。变量描述性统计见表 5.8。

（3）空间权重矩阵

本节的研究主要构建三种空间权重矩阵。第一种是传统意义上的 0-1 邻接矩

表 5.8 变量描述性统计 (*N*=390)

变量类型	符号	定义	度量方式	最小值	最大值	均值	标准差
被解释变量	gtfp	绿色全要素生产率	构建基于方向性距离函数的 ML 生产率指数，运用 MaxDEA 测算	0.028	1.949	0.712	0.288
	mltech	绿色全要素生产率分解项（绿色技术进步指数）	—	0.178	1.285	0.766	0.202
	mlefch	绿色全要素生产率分解项（绿色技术效率变动指数）	—	0.028	5.101	0.981	0.515
解释变量	er	环境规制	对正式环境规制和非正式环境规制采用熵权法合成，运用 Matlab 2018a 测算	0.011	0.380	0.033	0.003
微观层面控制变量	estru	要素禀赋结构	资本与劳动之比	5.961	578.8	48.11	65.45
	sy	失业率	地方失业率	1.210	6.500	3.573	0.678
	ln (ec)	能源消耗水平	地方能源消耗量取对数	6.609	10.570	9.206	0.744
	ln (gon)	工业企业规模	地方工业企业数目取对数	3.714	11.090	8.465	1.533
	ln (rdl)	科研水平	各地区研发人员全时当量取对数	7.097	13.210	10.770	1.199
宏观层面控制变量	gov	政府干预水平	地方政府一般预算支出/地区 GDP	4.812	9.506	7.558	0.898
	stru	产业规模	第二产业产值/地区 GDP	5.326	10.470	8.431	1.048
其他控制变量	ln (cr)	消费水平	社会消费品零售总额取对数	4.926	10.460	8.163	1.096
	ln (hm)	教育水平	人均受教育年限取对数	5.602	11.920	7.950	1.372
	fdi	投资开放水平	外商投资/地区 GDP	0.010	0.082	0.024	0.019

变量类型	符号	定义	度量方式	最小值	最大值	均值	标准差
其他控制变量	egdp	经济发展水平	地区总产出（GDP 总额，即社会产品和服务的产出总额）/地区总人口	8.370	11.680	10.200	0.685

阵（W_1）。这种空间权重矩阵是最基本的空间权重矩阵形式，适用于地方政府只与邻近地区的政府进行政策互动的情况。第二种是地理距离权重矩阵（W_2）。这种权重矩阵假设地区之间存在政策互动的行为，距离越近的区域互动效应越显著。第三种是经济地理嵌套权重矩阵（W_3），权重用区域人均 GDP 差值的倒数表示。本节地理距离根据城市的经纬度坐标计算，经纬度数据来源于国家基础地理信息系统 1∶400 万地形数据库。

5.2.4　实证结果及分析

本节是在之前理论分析的基础上进一步进行的实证分析，首先讨论各地区环境规制政策的执行互动对绿色全要素生产率的影响，然后重点讨论各地区的环境规制互动的形式如何影响绿色全要素生产率的空间溢出效应，最后进行稳健性检验。

1. 空间模型的构建

空间杜宾模型是空间滞后模型和空间误差模型的一般形式，能够在二维空间检验地区间环境规制的空间溢出效应。根据上文提出的假设，建立如下空间计量模型：

SAR 模型：

$$\text{gtfp} = C + \rho w_{ij}\text{gtfp} + \beta_1 \text{er} + \beta_2 \text{stru} + \beta_3 \text{estru} + \beta_4 \ln(\text{ec}) + \beta_5 \ln(\text{cr}) + \beta_6 \ln(\text{sy}) +$$
$$\beta_7 \ln(\text{rdl}) + \beta_8 \ln(\text{hm}) + \beta_9 \text{gov} + \beta_{10} \ln(\text{gon}) + \delta_i + \mu_t + \varepsilon_{i,t}$$
$$\varepsilon_{i,t} \sim N(0, \delta_{i,t}^2 \boldsymbol{I}_n) \tag{5.18}$$

SEM 模型：

$$\text{gtfp} = C + \beta_1 \text{er} + \beta_2 \text{stru} + \beta_3 \text{estru} + \beta_4 \ln(\text{ec}) + \beta_5 \ln(\text{cr}) + \beta_6 \ln(\text{sy}) +$$
$$\beta_7 \ln(\text{rdl}) + \beta_8 \ln(\text{hm}) + \beta_9 \text{gov} + \beta_{10} \ln(\text{gon}) + \delta_i + \mu_t + \varepsilon_{i,t}$$

$$\varepsilon_{i,t} = \lambda w \varepsilon_{i,t} + \varphi_{i,t}, \varphi_{i,t} \sim N(0, \delta_{i,t}^2 \boldsymbol{I}_n) \quad (5.19)$$

SDM 模型：

$$gtfp = C + \rho w_{ij} gtfp + \beta_1 er + \beta_2 stru + \beta_3 estru + \beta_4 \ln(ec) + \beta_5 \ln(cr) + \beta_6 sy +$$
$$\beta_7 \ln(rdl) + \beta_8 \ln(hm) + \beta_9 gov + \beta_{10} \ln(gon) + \theta_1 w_{ij} er + \theta_2 w_{ij} stru +$$
$$\theta_3 w_{ij} estru + \theta_4 w_{ij} \ln(ec) + \theta_5 w_{ij} \ln(cr) + \theta_6 w_{ij} sy + \theta_7 w_{ij} \ln(rdl) +$$
$$\theta_8 w_{ij} \ln(hm) + \theta_9 w_{ij} gov + \theta_{10} w_{ij} \ln(gon) + \delta_i + \mu_t + \varepsilon_{i,t}$$

$$\varepsilon_{i,t} = \lambda w \varepsilon_{i,t} + \varphi_{i,t}, \varphi_{i,t} \sim N(0, \delta_{i,t}^2 \boldsymbol{I}_n) \quad (5.20)$$

以上模型中，gtfp 为 i 地区 t 时期的绿色全要素生产率；w_{ij} 为标准化后非负的空间权重矩阵元素，表示省域之间的空间联系；er 为环境规制指数；控制变量包括产业结构（stru）、禀赋结构（estru）、能源消耗量（ec）、社会消费品零售总额（cr）、科研水平（rdl）、失业率（sy）、教育水平（hm）、政府干预程度（gov）、工业企业规模（gon）；$\boldsymbol{I}_n$ 为空间计量模型中的单位矩阵；θ_i 为控制变量的空间影响系数（$i=2, \cdots, 7$）；δ_i 和 μ_t 分别代表截面效应和时间效应；$\varepsilon_{i,t}$ 为不可观测的随机误差项；β_1 反映本地核心解释变量和其他一系列控制变量对解释变量的影响，θ_1 反映邻地的一系列控制变量对解释变量的影响，它们集中反映了地方环境规制水平对绿色全要素生产率提升的政策互动效果。

2. 空间计量模型的筛选

为进一步明确所选空间交互效应模型的类型，基于以上三种空间计量模型进行了相关的实证检验，结果见表 5.9。

表 5.9 空间计量模型回归结果（$N=390$）

变量及检验	SAR 模型 gtfp（双固定）	SEM 模型 gtfp（双固定）	SDM 模型 gtfp 双固定
er	7.343 (2.10)	6.338 (1.87)	9.482 *** (2.59)
stru	0.424 *** (5.54)	0.418 *** (4.95)	0.352 *** (7.94)
estru	0.0395 ** (2.10)	0.0673 *** (2.82)	0.0338 * (1.85)

续表

变量及检验	SAR 模型 gtfp（双固定）	SEM 模型 gtfp（双固定）	SDM 模型 gtfp 双固定
ec	0.113 (1.05)	0.104 (0.95)	−0.170*** (−4.81)
cr	0.0815 (0.81)	−0.0518 (−0.41)	0.0961* (1.89)
sy	−0.0187 (−0.67)	−0.0197 (−0.72)	−0.0427*** (−2.59)
rdl	0.0615 (1.43)	0.0810* (1.71)	0.1280*** (5.65)
hm	−0.0091 (−1.20)	−0.0627** (−2.06)	−0.0494*** (−3.03)
gov	−0.419*** (−3.94)	−0.360*** (−3.25)	−0.139*** (−2.85)
gon	0.0279 (0.71)	0.0355 (0.70)	0.0195** (1.98)
Wer	—	—	48.60* (1.96)
Wstru	—	—	0.24 (1.27)
Westru	—	—	0.0179 (0.85)
Wec	—	—	−0.737*** (−3.00)
Wcr	—	—	0.572*** (2.99)
Wsy	—	—	0.101 (1.14)
Wrdl	—	—	0.398*** (2.96)
Whm	—	—	−0.0465*** (−3.05)

续表

变量及检验	SAR 模型 gtfp（双固定）	SEM 模型 gtfp（双固定）	SDM 模型 gtfp 双固定
Wgov	—	—	−0.304** （−1.98）
Wgon	—	—	−0.096 （−0.14）
spatialρ	0.761*** （20.71）	—	0.722*** （14.34）
sigma^2_e	0.0196*** （13.85）	0.0196*** （13.81）	0.0192*** （13.82）
adj. R^2	0.4513	0.3316	0.5337
最大似然估计	202.0813	199.9621	207.6711
Wald 检验	—	—	103.75***
LR 检验	—	—	76.92***
Hausman 检验	22.46	0	18.32***

通过比较可以发现，SDM 模型变量的系数都通过了 10% 的显著性水平检验，而 SAR 模型和 SEM 模型的主要解释变量环境规制指数 er 不显著。比较三种模型的 R^2 和最大似然估计的结果发现，SDM 模型的结果是最理想的。Wald 检验和 LR 检验均拒绝了 H0：$\theta=0$ 和 H0：$\theta+\rho\beta=0$ 的假设，在 1% 的水平上显著，因此空间杜宾模型不能简化为空间误差和空间滞后模型。SAR 模型和 SEM 模型的 Hausman 检验的结果都不显著，SDM 模型的显著性水平较高。所以，选择空间杜宾模型能够更好地说明绿色全要素生产率在环境规制作用下的空间关系。根据空间计量模型的相关实证结果可以得出以下结论。

地方环境规制对绿色全要素生产率的影响系数为正值，并且在杜宾模型中的作用是显著的，这说明在地方环境规制的作用下，绿色全要素生产率在经济和地理特征相似的区域内存在空间溢出效应。同时，在合理的环境规制强度下，能够实现减少污染和提升全要素生产率的双向目标，验证了假设 1。在控制变量中，产业规模和要素禀赋结构对政府干预水平的影响显著。

3. 绿色全要素生产率分解

由理论模型和绿色全要素生产率的测算方式可知，绿色全要素生产率指数可分解为绿色技术进步指数和绿色技术效率变动指数，为了进一步探究如何通过地方环境规制实现绿色全要素生产率提升，将杜宾模型绿色全要素生产率指数分解，结果见表5.10。

表 5.10　绿色全要素生产率指数分解结果（N=390）

变量	绿色全要素生产率 gtfp			绿色技术进步指数 mltech			绿色技术效率变动指数 mlefch		
	直接效应	间接效应	总效应	直接效应	间接效应	总效应	直接效应	间接效应	总效应
er	15.19*** (2.67)	23.30* (1.89)	24.40** (1.94)	34.20*** (2.97)	22.15** (2.57)	56.35** (2.65)	−2.484 (−0.91)	8.682 (0.15)	6.198 (0.10)
stru	0.412*** (6.42)	2.031* (1.76)	2.443** (2.03)	0.650*** (3.29)	0.589*** (2.91)	1.239*** (1.20)	0.139*** (2.62)	−0.709* (−1.77)	−0.570** (−1.37)
estru	0.0454*** (0.57)	0.0152** (−0.78)	0.0606** (−0.73)	0.130* (1.79)	0.141** (2.42)	0.271 (0.34)	−0.075*** (−3.40)	−1.102* (−1.82)	−1.177* (−1.88)
ec	−0.278*** (−4.80)	−3.406*** (−2.68)	−3.684*** (−2.79)	−0.080* (−0.30)	−0.122* (−0.46)	−0.202 (−0.40)	−0.158** (−2.39)	−0.284 (−0.41)	−0.442 (−0.61)
cr	0.038 (0.61)	1.993** (2.09)	1.956** (1.97)	0.394 (0.79)	0.366 (0.68)	0.76 (0.68)	0.066 (1.09)	−0.121 (−0.23)	−0.054 (−0.11)
sy	−0.034 (−1.44)	0.279* (0.75)	0.245 (0.63)	0.124 (1.55)	0.074** (1.06)	0.198* (1.07)	−0.082*** (−4.32)	−0.488* (−1.92)	−0.570** (−2.14)
rdl	0.094*** (3.14)	1.177** (2.37)	1.083** (2.09)	0.387*** (3.09)	0.398*** (3.34)	0.785*** (3.03)	−0.050 (−1.42)	0.424 (0.98)	0.374 (0.85)
hm	−0.0490*** (−2.97)	0.0337 (1.52)	−0.0154*** (−0.71)	−0.248 (−1.56)	−0.248 (−1.43)	−0.496 (−0.08)	−0.0424 (−1.64)	0.0530 (1.49)	0.0106 (0.46)
gov	−0.113** (−2.44)	−0.786* (−1.31)	−0.673* (−1.10)	0.471* (1.65)	0.523* (1.86)	0.994 (1.00)	−0.054 (−0.75)	0.678* (1.68)	0.624 (1.53)
gon	0.0193** (1.36)	−0.0143* (−0.05)	0.0496* (0.02)	0.391* (3.09)	−0.387*** (3.05)	0.778** (1.34)	0.0176 (1.45)	−0.0217 (−0.12)	−0.0404 (−0.02)

　　采用固定效应下的空间杜宾模型对空间溢出效应进行实证研究。从直接效应的回归结果来看，环境规制对邻近地区具有相当显著的空间溢出效应，环境规制强度每提高 5%，邻近地区的绿色全要素生产率提升 23%，环境规制对本区域和邻近区域的总效应为 38%，经济意义相当明显，说明环境规制水平对区域间整体绿色全要素生产率的空间溢出效用显著，邻近区域间存在非对称的环境规制执行互动。消费水平的空间效应在本地区不显著，但是对于邻近地区来说，消费水平每提高 5%，绿色全要素生产率水平下降 1.993 个单位，说明根据消费者的需求和迫于本地区环境规制的压力，一些污染较严重的企业会搬迁到符合企业发展需要的邻近地区，间接影响到绿色全要素生产率的提升。地区间失业率对绿色全要素

生产率的影响也存在类似的空间效应，虽然显著程度不高，但是在10％的水平上失业率越高，绿色全要素生产率水平越高，说明随着高污染企业的搬迁，本地区失业率会增加。从总效应来看，在环境规制作用影响下，区域的消费需求水平在调整期内对绿色全要素生产率的提升有抑制作用，能源消耗水平和负向的教育水平都在5％的显著性水平上抑制绿色全要素生产率的提升。

表5.10中的回归结果显示，在不同环境规制强度下，绿色全要素生产率指数的分解项绿色技术进步指数也存在空间溢出效应，同时，不管是在本区域还是在邻近区域，环境规制执行程度对绿色技术进步的估计系数均为正，经济意义相当显著，而且比绿色技术效率变动指数的空间效应显著，绿色技术效率变动指数与环境规制之间的关联度不管是直接的还是间接的都是不显著的，这意味着假设2成立。波特效应在省际区域比较明显，政府间环境规制的执行互动能够引致企业绿色技术进步，在创新层面提升绿色全要素生产率。技术进步在一定程度上对工业产值有正向促进作用，说明绿色技术进步能够通过技术活动进一步节约成本，提高能源利用率，发挥"创新补偿"的作用。不管是直接效应还是间接效应，在10％的显著性水平上，技术进步水平每上升一个单位，则能源消耗水平降低0.202个单位。这很好地证明了通过"创新补偿"能够有效提升绿色全要素生产率。

4. 门槛效应检验

在理论模型的框架下，环境规制与绿色全要素生产率之间存在倒U形曲线关系，而已有的研究只是简单地分析技术进步与污染排放之间的关系。本节将环境规制作为门槛变量，探究不同环境规制强度下绿色技术进步对绿色全要素生产率的门槛效应。借鉴汉森（Hansen）、王群勇的面板门槛模型思想，构建以环境规制为门槛的面板数据模型：

$$\mathrm{gtfp}_{i,t} = \alpha_0 + \alpha_1 \mathrm{mltech}_{i,t} \cdot I(\mathrm{er} \leqslant \gamma) + \alpha_2 \mathrm{mltech} \cdot I(\mathrm{er} > \gamma) + \alpha_3 \mathrm{mlefch} +$$

$$\alpha_4 \mathrm{fdi} + \alpha_5 \mathrm{egdp} + \alpha_6 \mathrm{ec} + \alpha_7 \mathrm{cr} + \alpha_8 \mathrm{gov} + \mu_i + \varepsilon_{i,t} \tag{5.21}$$

其中，i 代表省份，t 代表年份，$\varepsilon_{i,t}$ 为随机扰动项，gtfp 为绿色全要素生产率，mltech 为绿色技术进步指数，mlefch 为绿色技术效率变动指数，fdi 为对外开放水平，egdp 为经济发展水平，ec 为能源消耗量，cr 为消费水平，gov 为政府干预程度，er 为门槛变量。

由于面板门槛模型要规避伪回归问题，所以要对面板数据的单位根进行检验，采用同质面板单位根（LLC）检验法、异质面板单位根（Fisher-ADF）检验法。

结果表明，不论是同质面板单位根还是异质面板单位根，各个变量均为一阶单整，充分证明了所选的变量具有平稳性，也表明面板数据在回归过程中出现伪回归的可能性较小。具体检验结果见表 5.11。

表 5.11　面板数据单位根检验结果

变量	水平统计量	
	LLC 检验	Fisher-ADF 检验
gtfp	−6.4502***	−9.0868***
mltech	−16.4177***	−9.8449***
mlefch	−55.3991***	−16.6193***
fdi	−2.9607***	−8.8558***
egdp	3.1453*	−9.8504***
ec	−1.7181**	−10.3374***
cr	6.6544	−10.4591***
gov	3.5235	−10.5101***
er	−5.4129***	−8.3399***

表 5.11 中为以环境规制执行水平为门槛变量的显著性检验结果，结果表明模型存在一个门槛值，这说明在不同环境规制水平之下，科技创新对绿色全要素生产率存在门槛效应。门槛效应检验结果见表 5.12。

表 5.12　门槛效应检验结果

门槛检验	门槛值	F 统计量	P 值	自举次数	10% 临界值	5% 临界值	10% 临界值	95% 置信区间
单门槛检验	0.303	25.09	0.0467	500	18.9744	24.6447	34.8546	(0.0296, 0.0303)
双门槛检验	0.292	18.84	0.1433	500	21.5558	29.9134	39.6428	—

检验结果表明，单门槛的 P 值估计值在 5% 的水平上显著，而双门槛值的 P 值估计值不显著。门槛值与似然比值间的关系如图 5.4 所示。图 5.4 中穿过水平虚线位置的点都落在置信区间内，所以在不同环境规制强度下，绿色技术进步与绿色全要素生产率之间存在的门槛值是合理的，这验证了假设 3。

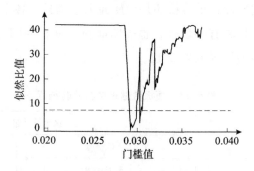

图 5.4　门槛值与似然比值间的关系

在面板门槛显著性检验通过的情况下，为了进一步验证假设 3，运用面板估计结果说明环境规制水平如何通过绿色技术进步促进绿色全要素生产率提升。面板门槛估计结果见表 5.13。

表 5.13　面板门槛估计结果（$N=390$）

变量	估计值	t 值	P 值
mlefch	1.296 ***	20.44	0.000
fdi	−1.459*	−1.86	0.055
egdp	0.226 **	2.13	0.074
ec	0.220 **	2.19	0.003
cr	−0.228 **	−2.15	0.141
gov	−0.106	0.10	0.086
er<0.303	−0.516 ***	13.84	0.000
er≥0.303	0.303 ***	10.09	0.000
R^2	0.699	—	—

根据表 5.13 中的实证检验结果，把环境规制水平分为两个区间，分别为 er<0.303 和 er≥0.303，当环境规制水平低于门槛值时，绿色技术进步对绿色全要素生产率的提升作用虽然显著，但绿色技术进步的系数在 1% 的显著性水平上为负。当 er<0.303 时，绿色技术进步水平每增加 10%，绿色全要素生产率就会降低 51.6%。可以解释为，当政府间环境规制互动水平整体较低时，生产主导型且污染排放量大的企业占据较大的市场份额，进一步挤占了技术型企业的市场份额，粗放型的发展方式比考虑节能减排的生产方式利润更大，技术进步水平越高，治污成本越高，从而导致企业搬迁，最终造成区域整体的绿色全要素生产率水平降低。

当 er≥0.303 时，加强区域间的环境规制政策互动有利于绿色全要素生产率的提升。绿色技术进步水平每增加 10%，绿色全要素生产率就会提升 30.3%。因为本地环境规制水平除了受本地制约因素影响，还受到邻近地区经济活动的扩张和集聚、自然资本和人力资本、政策执行强度与企业相机抉择之间的博弈等因素的影响，导致污染排放顺着梯度差方向演进，形成"东出西进"的格局。环境问题存在公共资源属性与空间延展性，使污染治理及环境保护能够协同进行，即区域间的污染共治有利于打破省区市的地理界限，一些发展较完善的资金供应链会带来充裕的运行经费、先进的绿色生产技术和生产工艺，直接作用于各个环节，进而提升绿色全要素生产率。另外，在一些环境规制强度较弱的地区，政府间的恶性竞争会导致一些高污染、创新意识薄弱的工业企业搬迁，从而使得该地区陷入低水平环境规制，成为"污染避难所"，进而降低区域整体的绿色全要素生产率。

5. 稳健性检验

（1）稳健性检验一

考虑到我国各省区市的经济发展不平衡，差异较明显，将空间杜宾模型中的经济地理嵌套矩阵（W_3）替换成 0-1 邻接矩阵（W_1）、地理距离权重矩阵（W_2），检验在不同权重下环境规制与绿色全要素生产率之间是否存在空间溢出效应，以及有关绿色技术进步的结论是否成立，结果见表 5.14。

表 5.14　不同权重矩阵下空间杜宾模型对比结果（$N=390$）

变量和检验	gtfp		
	W_1	W_2	W_3
er	6.487 *	9.332 **	9.482 ***
	(1.93)	(2.52)	(2.59)
stru	0.529 ***	0.406 ***	0.352 ***
	(6.54)	(4.74)	(7.94)
estru	0.0595 **	0.0668 ***	0.0338 *
	(2.51)	(2.67)	(1.85)
ec	0.311 **	0.169	−0.175 ***
	(2.56)	(1.51)	(−4.81)
cr	0.116	0.238	0.096 *
	(0.51)	(1.05)	(1.89)

变量和检验	gtfp		
	W_1	W_2	W_3
sy	−0.0067	0.0027	−0.0427***
	(−0.24)	(0.09)	(−2.59)
rdl	0.641	0.170**	0.128***
	(−1.22)	(−2.15)	(−5.65)
hm	−0.0489	−0.0823	−0.0494***
	(−0.73)	(−1.12)	(−3.03)
gov	−0.392***	−0.369***	−0.139***
	(−3.39)	(−3.11)	(−2.85)
gon	−0.0734	0.0094	0.0195**
	(−1.28)	(0.18)	(1.98)
Wer	−6.607	39.570	48.600*
	(−1.33)	(1.31)	(1.96)
Wstru	−0.0259	0.0776	0.2400
	(−0.19)	(0.28)	(1.27)
Westru	−0.0265	0.0138	0.0018
	(−0.53)	(0.06)	(0.85)
Wec	−0.167	0.119	−0.737***
	(−0.81)	(0.27)	(−3.00)
Wcr	−0.061	0.217	0.572***
	(−0.22)	(0.57)	(2.99)
Wsy	0.110	0.348**	0.101
	(1.49)	(2.13)	(1.14)
Wrdl	0.135	0.362	0.398***
	(1.57)	(1.61)	(2.96)
Whm	0.0298	0.0686	0.0465***
	(0.44)	(0.92)	(3.05)
Wgov	−0.121	−0.506	−0.304**
	(−0.64)	(−1.29)	(−1.98)
Wgon	0.0869	−0.0613	0.0096
	(1.07)	(−0.61)	(0.14)

变量和检验	gtfp		
	W_1	W_2	W_3
spatialρ	0.676 ***	0.750 ***	0.722 ***
	(18.76)	(15.64)	(14.34)
个体效应的特异误差	0.0177 ***	0.0189 ***	0.0192 ***
	(13.50)	(13.80)	(13.82)
adj. R^2	0.4164	0.5470	0.5337
最大似然估计	205.4980	209.9173	207.6711
Wald 检验	20.94 **	9.66	103.75 ***
LR 检验	21.83 **	10.26	76.92 ***

注：* 、** 、*** 分别表示在 10%、5%、1%的水平上显著，括号内为 z 的统计量。

根据前文设定的空间杜宾模型，引入不同的空间权重矩阵，根据环境规制与绿色全要素生产率之间的关系进行回归分析，结果见表 5.15。由表 5.15 可得出，空间滞后项回归系数 spatialρ 在三种空间矩阵作用下均在 1%的水平上显著为正，这说明地方政府之间制定的环境规制政策具有一定的空间依赖性，地理、经济等因素影响不大，只要不同地区具有相似特性，绿色全要素生产率就会存在空间溢出效应。综上所述，政府间进行环境规制政策互动时，要想提升绿色全要素生产率，应该综合考虑地理和经济两方面的因素。如果区域整体经济水平较低，只需关注邻近地区的环境规制动向，这有助于提升区域整体绿色全要素生产率水平。

表 5.15　不同权重矩阵下绿色技术进步指数对比结果 （$N=390$）

变量和检验	绿色技术进步指数 mltech		
	W_1	W_2	W_3
er	14.87 *	22.32 **	22.15 **
	(1.76)	(2.55)	(2.57)
stru	0.658 ***	0.568 ***	0.589 ***
	(3.24)	(2.81)	(2.91)
estru	0.152 **	0.149 **	0.141 **
	(2.56)	(2.51)	(2.42)
ec	−0.371	−0.186	−0.122 *
	(1.22)	(0.71)	(−0.46)

变量和检验	绿色技术进步指数 mltech		
	W_1	W_2	W_3
cr	0.446	0.421	0.366
	(0.78)	(0.79)	(0.68)
sy	0.0513	0.0775	−0.0738
	(0.74)	(1.12)	(−1.06)
rdl	−0.245*	0.400***	0.398***
	(−1.86)	(−3.42)	(−3.34)
hm	0.002	−0.241	−0.248
	(0.01)	(−1.39)	(−1.43)
gov	0.312	0.515*	0.523*
	(1.08)	(1.84)	(1.86)
gon	−0.377***	−0.357***	0.387***
	(−2.62)	(−2.86)	(3.05)
spatialρ	0.480***	0.688***	0.612***
	(11.06)	(10.72)	(9.31)
adj. R^2	0.3815	0.4711	0.4587
sigma^2_e	0.112***	0.105***	0.106***
	(13.75)	(13.79)	(13.86)
LR 检验	26.10***	22.55**	23.05***
Wald 检验	31.24***	17.46**	18.64**

从技术进步在地理距离权重矩阵和经济地理嵌套矩阵作用下的溢出效应结果来看，整体效果具有趋同性。

（2）稳健性检验二

为了进一步检验结果的稳定性，将各地区排污费征收总额的对数作为解释变量的评价指标，并再次进行回归分析，结果见表5.16。

表 5.16　稳健性检验回归结果（$N=390$）

变量和指标	gtfp 双固定	mltech 双固定
er	0.239**	0.133*
	(0.91)	(1.08)

续表

变量和指标	gtfp 双固定	mltech 双固定
stru	0.378 *** (7.44)	0.430 *** (4.15)
estru	0.045 *** (4.44)	0.115 *** (5.59)
ec	−0.148 *** (−3.42)	−0.090 (−1.21)
cr	0.052 (1.06)	0.132 * (1.70)
sy	−0.052 *** (−3.33)	−0.032 ** (−2.16)
rdl	0.122 *** (5.41)	0.255 * (1.20)
hm	−0.053 *** (−3.39)	−0.041 * (−1.73)
gov	−0.146 ** (−3.26)	−0.064 (−0.72)
gon	0.019 * (1.65)	0.012 (0.78)
Wer	0.128 ** (2.02)	0.270 ** (1.63)
Wstru	0.250 (1.47)	0.874 *** (3.19)
Westru	−0.046 (−0.22)	0.364 * (1.67)
Wec	−0.916 *** (−4.02)	−1.59 *** (−4.75)
Wcr	0.854 *** (4.54)	0.865 *** (3.09)
Wsy	−0.046 (−0.49)	−0.044 (−0.24)

续表

变量和指标	gtfp 双固定	mltech 双固定
Wrdl	0.569 *** (3.65)	0.353 ** (1.33)
Whm	−0.042 *** (−3.14)	−0.015 (−0.30)
Wgov	0.393 ** (2.39)	0.049 (0.16)
Wgon	0.017 (0.26)	0.135 (1.28)
spatialρ	0.743 *** (13.91)	0.705 *** (12.32)
sigma^2_e	0.022 *** (5.23)	0.116 *** (3.42)
adj. R^2	0.577	0.411
最大似然估计	205.8094	309.0103

在转换环境规制水平的核算方法的情况下，回归结果和前文得出的相关结果基本吻合，各变量的回归系数的正负与显著性几乎没有发生变化，这支持了前文实证分析结果的稳健性。各项系数大小没有明显波动。由此可以得出，上述回归结果具有实际稳定性。

5.2.5　结论及政策启示

在创新环境中更好地推进我国的生态文明建设和绿色发展，选择合适的环境规制手段提升绿色全要素生产率，是实现我国经济创新驱动与高质量发展的关键。本章以地方政府环境规制政策互动与绿色全要素生产率提升之间的互动关系为研究切入点，通过理论推导和实证检验得出以下结论：

1）绿色全要素生产率在环境规制的作用下，在经济和地理特征相似的区域内存在空间溢出效应，同时，合理的环境规制强度能够推动实现减少污染和提升全要素生产率。

2）地方环境规制引发了企业间的空间自选行为，促使一些工业企业选择迁到环境规制强度相对较弱的邻近地区，弱化了波特效应。

3）从地方环境规制技术进步来看，不管是在本区域还是在邻近区域，其估计系数均为正，经济意义相当显著。

4）当环境规制水平大于或者等于 0.303 时，加强区域间的环境规制政策互动有利于绿色全要素生产率的提升。绿色技术进步水平每增加 10%，绿色全要素生产率就会提升 30.3%。合理的环境规制有利于企业自觉地将外部成本内部化，激发企业进行技术革新和环保技术升级，实现整个区域污染状况的改善，进而促进绿色全要素生产率提升。

根据相关研究结论可得出以下政策启示：

1）通过制度建设规避盲目追求政绩的寻租行为，环保是目的也是途径。地方政府在设计环境规制工具时应把对企业的自主创新能力的激发作为关键因素，进一步提升配置环境资源的效率，监督各项激励性环境规制政策落实。

2）构建一体化生态环境监测系统，动态监控工业污染排放，严格防范污染型产业转移，明令禁止淘汰的落后产能和不符合国家环保政策的工业项目向周边地区转移，促进企业提高技术水平，并转化为真正的绿色生产力。

3）绿色技术创新能力是企业提升绿色全要素生产力的原动力。地方政府应加大对企业研发和创新补贴的力度，对相关技术创新活动进行引导和扶持。政府也可以转换角色，发挥财政资金的杠杆作用，吸引社会资本进入，加强对研发机构绿色技术创新的发掘，提供低息融资，增加绿色创新资金供给，提升绿色创新要素配置效率，加大传统产业绿色转型关键技术和战略性新兴产业核心技术研发人才、资金、政策的倾斜力度。推动区域间的产学研联合创新，加快绿色技术创新在地区间的拓展和外溢，提升本地区和相邻地区的整体绿色资源集约化程度。

第6章　环境规制、产业空间分布与省际污染外溢效应的实证研究

在前文对污染外部性、环境规制与产业空间分布演化进行理论和实证分析后，本章将扩大研究视野，以2005—2018年中国省域面板数据为样本，探究地区间不同类型的环境规制工具对污染产业空间转移的影响程度，并对区域间环境规制工具选择效果进行系统考察，进一步对环境规制、产业空间分布与省际污染外溢效应进行实证研究。

6.1　概　　述

随着第四次产业转移在全球范围内展开，国内、国外经济双循环拉开序幕。在这样的背景下，中国作为当前全球产业链中最大的供应商之一，产业梯度由劳动力成本相对较高、自然资源相对稀缺的比较发达的东部地区转向劳动力成本较低、自然资源禀赋突出的欠发达的中西部地区，旨在在完成产业承接的同时促进区域间经济的平衡发展，将中西部地区产业的比较优势转化为核心竞争力。然而，在产业承接的过程中不可避免地会出现污染产业转移的现象，尤其是在相对发达地区地方政府实施了高强度的环境规制后，高污染产业逐渐转移至环境监管强度相对较弱的欠发达地区。虽然这样可以使发达地区的环境治理效果比较显著，短期内加快欠发达地区的经济发展速度，但是长期来看，欠发达地区的污染产业集聚程度直接导致该地区经济陷入不可持续状态。《2018中国生态环境状况公报》显示，参与全国城市空气质量排名的169个重点城市包括京津冀及周边地区、长三角地区、汾渭平原、成渝地区、长江中游、珠三角等重点区域的城市及省会城市，排名靠后的污染城市主要分布在长江以南、云贵高原以东地区及中西部部分区域。这说明，中西部地区环境污染治理状况仍未改善，随着高污染产业的转移，

区域间经济发展的不平衡转变为可持续发展的不平衡。厘清经济发展、结构变迁与环境之间的关系和规律才能够有效提高环境治理效率。

在上述背景下，探究环境规制政策对污染产业转移的影响，对把握环境规制政策随产业结构变迁的演化规律，进而统筹规划区域可持续发展均具有重要的价值和意义。虽然现有研究已对环境政策的选择进行了考察，但从新结构经济学的视角探讨环境规制政策选择的研究还比较少。尤其是污染产业转移并非单纯的产业空间转移，而是在产业承接等经济活动的影响下，环境规制政策的实施呈现出较强的空间相关性。这意味着在探讨产业空间转移对区域经济增长的影响时需要考虑各地区环境规制政策的污染产业溢出效应，从而能得到更准确的研究结果，为环境治理提供科学的经验证据。

鉴于此，本章将以 2005—2018 年中国省域面板数据为研究样本，探究地区间不同类型的环境规制政策工具对污染产业空间转移的影响程度，并对区域间环境规制政策工具选择的效果进行系统的考察。具体而言，本章的边际贡献体现在以下三方面：第一，将两种环境规制政策工具的作用效果相结合，为验证环境规制政策的实施是导致省际污染产业空间转移的主要原因之一提供证据；第二，将运用环境规制政策工具的角色分别定位为政府和企业，基于新结构经济学的思想，识别政府和企业的治理行为对污染产业空间转移的影响及作用；第三，根据两种环境规制政策工具对污染产业聚集度的影响程度，考察不同环境规制政策工具对污染产业空间转移的区域异质性作用，为地区进行污染产业转移治理和选择环境规制政策工具提供新的思路。

污染外部性的时空异质决定了环境规制的时空异质，且会影响区域、产业及企业对资源和要素的控制能力，进而使产业空间分布进一步演化。在分析污染外部性与环境规制的时空演化时，由于空间溢出效应和污染跨界性的存在，除了本地区的环境污染行为，地区的污染还与其他区域的污染扩散有关。在地区环境污染交互式扩散的前提下，使用传统的 OLS 静态计量模型有可能使结果出现偏差。为了减少空间因素对实证结果的影响，本章将引入空间变量，构建空间计量模型。

6.2 机 理 分 析

1. 环境规制时空演化分析

环境规制作为国家政策，在实施的过程中同时具备时间与空间上的特征。从时间特征来看，环境规制的政策实施效果具有明显的时间性。20世纪60年代，由于环境污染问题不断恶化，我国的环境规制形势发生了转变——由主观思想状态转向了颁布法律、条例等，以便能对污染企业形成更好的约束力。20世纪70年代后期，国家提出了改革开放的历史性重要举措，在之后的十年间国务院成立了环境保护委员会，引入排污许可证制度、庇古税、环保奖励金等各项措施，逐步使市场这只"看不见的手"参与到环境规制的进程中。由于环境规制政策的实施需要经过一段时间的沉淀才能观察到效果，所以它具备很强的时间性，需要进行长期观测以评判政策实施后的效果。从空间特征来看，环境规制在各地区的实施力度均不同，产生的影响也不同。由于环境规制政策的实施效果具有一定的延伸性，所以在空间范围内的表现为政策实施后相邻省份应对污染产业的措施是否发生改变。张治栋、秦淑悦以长江经济带城市为对象进行研究，发现环境规制政策对沿江城市及非沿江城市产生了不同的影响，这说明地理位置的差异会导致环境规制的实施结果产生差异。

2. 污染外溢效应

污染的外溢效应主要体现在污染外部性上，即由于经济主体（企业或个人）的经济活动而对生态环境造成不利影响。它的典型特征之一是：假设经济主体为理性人，在选择发展战略时，为了降低自身的成本，在时间维度上将污染的外部性留给后人，在空间维度上将污染的外部性转嫁给相邻的省份或地区，从而提高自身的收益。

从时间维度来看，污染的外溢效应包括当代外部性及代际外部性。当代外部性指污染产业的行为给当时处于相同时间节点的社会公众带来不利影响；代际外部性则指在资源稀缺的条件下，理性人将污染留给后人而导致污染在时间维度上转移。代际外部性的产生暗示着当代污染行为对后世产生不利影响。在当代经济主体对资源无节制利用的情况下，资源的有限性与稀缺性必将使前后两代人在实现自身利益方面产生冲突，环境污染处理不到位也将引发前后两代人的矛盾，对后代经济发展产生不利影响。

从空间维度来看，污染的外溢效应包括本地区污染外部性及跨界污染外部性。污染物会随着空气、水等传播而对相邻地区产生负外部性。在生产过程中，大多数污染企业会由于处理不当等在当地排放大量的有害物质，由于不能及时处理，给当地带来严重的环境负担。一些污染企业会因生产规模扩大、受到当地政策约束等将污染项目及生产所需的机械、设备、原料等转移到经济条件相对较差的地区。由于该类污染产业有较大的劳动力需求、较低的技术要求及较大的能源消耗需求，经济欠发达地区常常选择性忽略其污染对环境的影响，选择优先发展经济，从而导致污染的外部性在空间上形成转移。程晋华证实了工业污染的时空异质性是缓解工业污染、实现经济可持续增长的前提。因此，应对污染外部性的时空特征对产业空间分布演化的影响给予重视。

3. 地区产业空间分布的影响因素

由上述分析可知，随着污染外部效应的不断加强，其代际外部性和跨界污染外部性也在时间和空间范畴内对环境规制产生了影响。污染外部性属于市场失灵的情况，需要政府调控解决。政府调控的手段之一就是环境规制，通过行政手段、经济手段等在不同程度上影响各地污染产业的行为。在这个过程中，由污染外溢引发的时空异质会决定环境规制的时空异质，从空间分布上又会改变区域、产业及企业对资源和要素的控制能力，使得区域内产业空间分布进一步演化。

在资源有限稀缺、生产要素流动机制尚未成熟的条件下，一些区域内产业的生产技术、工艺水平、生产设备等相对落后，污染处理能力薄弱，对于当地污染产业来说，要想解决污染带来的环境问题就要承担巨额的环境成本。引入环境规制政策后，由于各地区的实施力度不同，根据"污染避难所"假说理论，环境规制强度较高的地区（如我国东南沿海地区）的高污染、高收益型企业会通过招商引资的方式转向环境规制强度较弱的地区（如我国中西部地区），对后者的环境造成恶劣的影响。即当环境治理成本高于污染产业转移到经济欠发达地区的转移成本时，企业将面临产业转移的选择，产业空间分布就会发生演化，污染产业由高污染、强环境规制强度、高环境成本的经济发达地区转移至低污染、弱环境规制强度、低环境成本的经济欠发达地区，以此实现经济利益最大化。较强的环境规制强度也会提高地区相关产业的准入门槛，限制相关产业的转入。因此，在研究地区产业空间分布时，有必要引入污染外溢效应与环境规制，研究它们对地区产业空间分布的影响。污染外溢效应、环境规制与地区产业空间分布的机理分析如图 6.1 所示。

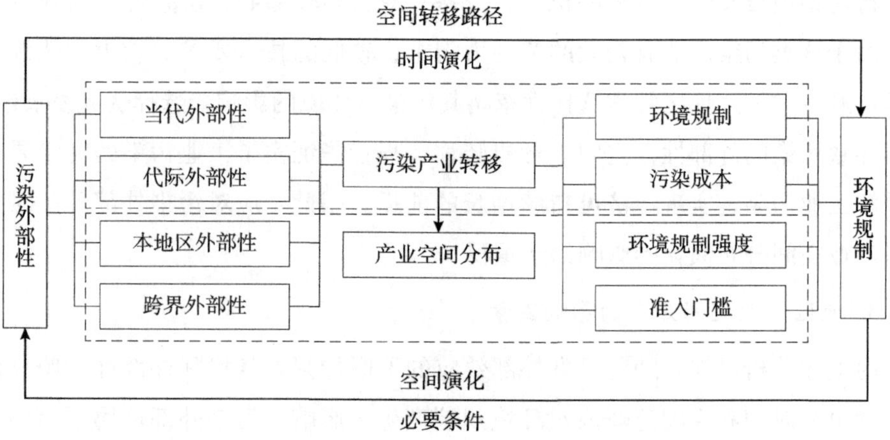

图 6.1 污染外溢效应、环境规制与地区产业空间分布的机理分析

6.3 实证研究

6.3.1 变量选取

本章数据来源于相关统计年鉴，包括除我国港澳台与西藏地区的 30 个省、自治区和直辖市的数据，选取的时间段为 2005—2018 年，选取范围包括各省区市统计年鉴、《中国环境统计年鉴》《中国人口和就业统计年鉴》等，个别缺失数据通过地区环境统计公报和国民经济发展公报补齐。变量的选取如下。

1. 被解释变量

被解释变量为污染产业转移（pog）。采用王艳丽的做法，选取各省份污染产业动态区域集聚指数表示区域内污染产业集聚程度，计算公式为

$$E_i = \frac{(\ln P_{i,t} - \ln P_{i,0})/n}{\overline{(\ln P_{i,t} - \ln P_{i,0})/n}} \tag{6.1}$$

其中，E_i 表示地区 i 某污染产业集聚指数，$(\ln P_{i,t} - \ln P_{i,0})/n$ 代表 i 地区某污染产业规模增长速度，$P_{i,t}$ 表示 i 地区在 t 年的污染产业产值，0 表示基期年份，n 表示所选报告期距离基期的年数，$\overline{(\ln P_{i,t} - \ln P_{i,0})/n}$ 表示全国污染产业规模增速的均值。若 $E_i > 1$，说明污染企业向地区 i 聚集，该值越大表示聚集速度越快；同理，$E_i < 1$，说明污染企业向外地转出，该值越小表示转出速度越快。

2. 解释变量

解释变量为环境规制政策工具。目前，我国环境政策内涵比较广泛。环境规制工具涉及政府部门、地区工业企业和当地居民三个利益关系主体，本章参考王红梅等的做法，对当前两种主要环境规制政策工具——强制型环境规制政策工具和市场型环境规制政策工具的效果进行系统考察。强制型环境规制工具是从政府角度出发，由国家行政管理部门根据相关法律、法规、规章设立排放标准，对企业生产行为进行直接管理和强制监督。强制型环境规制（cer）强度用废水排放总量、SO_2 排放量和烟（粉）尘排放量与同年该省份工业污染治理投资完成额之比衡量。市场型环境规制政策工具从企业角度出发，通过加大治理费用投入等方式，将企业外部费用内部化，激励排污者降低排污水平，促使社会整体污染状况得到改善。市场型环境规制（mer）强度用工业污染治理完成额与工业增加值的比值和单位 GDP 排污费两个指标衡量，从环境治理费用的投入层面引导企业进行工业污染减排，完成污染治理。

3. 控制变量

根据研究目的，选取产业结构（str）、要素禀赋结构（estru）、研发强度（rdl）、投资开放水平（fdi）、能源消耗量（ec）、社会消费品零售总额（scr）、政府干预程度（gov）作为控制变量。

1）产业结构（str）。目前对产业结构与污染产业空间分布关系的研究尚无定论。一方面，第二产业占比越高，越有利于高污染产业的发展，从而抑制污染产业空间分布演化的速度。另一方面，第二产业占比越高，当地污染产业发展及地区的经济发展水平就越高。地区经济好转，人们对生活环境的要求会提高，环保意识就会增强，公众对当地环境的参与度就会提高，从而造成污染产业空间上的转移。在此用第二产业增加值取对数表示产业结构。

2）要素禀赋结构（estru）。要素禀赋结构是一个国家经济增长的源泉之一，能够决定产业的选择。这里选用资本与劳动力之比度量。

3）研发强度（rdl）。在环境规制的背景下，污染产业为了减少空间上转移的成本，需要投入高水平的研发支出抵消增加的环境成本。因此，选用各地区研发人员全时当量度量研发强度。

4）投资开放水平（fdi）。投资开放水平在一定程度上反映了一段时间内一地区从外部获得的资本要素的数量，如能够引进发达的生产技术和可供借鉴的管理经验，从而影响需求和供给。而对于外商直接投资、环境规制与污染产业空间分布之间的关系，现有研究并未达成一致意见。本章选用地方外商直接投资与地区 GDP 之比度量投资开放水平，其中外汇以当年汇率折合成人民币计量。因为外商直接投资呈指数增长趋势，故进行取对数处理。

5）能源消耗量（ec）。能源消耗量是一定时期内全国物质生产部门、非物质生产部门消费的各种能源的总和。该指标反映了污染产业在生产过程中总的能源消耗，用当年的能源消耗量度量。

6）社会消费品零售总额（scr）。经济发展水平与污染产业空间分布之间存在密切关系。对于转入地而言，污染产业的发展能够通过就业增加效应和产业关联效应实现经济发展水平的提升。而随着当地资源的消耗和经济发展水平的提升，人们对环境质量的要求逐渐提高，相应地，环境规制体系逐渐完善，这将促使污染产业寻找新的转移地。社会消费品零售总额可以综合体现一个国家或地区的消费需求，反映了企业、社会公众等在生产、生活过程中经由各种商业渠道获得的生产、生活消费品总量。

7）政府干预程度（gov）。政府在经济和社会发展过程中会采取适当的措施对污染产业进行干预，采用地方政府财政支出占 GDP 的比重反映政府支出规模对污染产业的影响。选取的各指标的核算方式见表 6.1，变量的描述性分析见表 6.2。

表 6.1　各指标的核算方式

变量类型	名称	符号表示	核算方式
被解释变量	污染产业转移	pog	空间基尼系数
解释变量	强制型环境规制	cer	废水排放总量、SO_2 排放量和烟（粉）尘排放量与同年该省份工业污染治理投资完成额之比
	市场型环境规制	mer	工业污染治理完成额与工业增加值的比值和单位 GDP 排污费
控制变量	产业结构	str	第二产业增加值取对数
	要素禀赋结构	estru	资本与劳动力之比
	研发强度	rdl	各地区研发人员全时当量
	投资开放水平	fdi	用地方外商直接投资与地区 GDP 之比度量，其中外汇以当年汇率折合成人民币计量
	能源消耗量	ec	当年能源消耗量
	社会消费品零售总额	scr	区域整体市场规模
	政府干预程度	gov	地方财政一般预算支出与 GDP 之比

表 6.2　变量的描述性分析

变量名称	符号表示	均值	标准差	最小值	最大值
污染产业转移	pog	0.9231	0.3424	0	1.8168
强制型环境规制	cer	0.5138	0.0510	0.4198	0.7078
市场型环境规制	mer	5.3813	0.5398	3.7082	6.5700
产业结构	str	8.4305	1.0483	5.3259	10.4620
要素禀赋结构	estru	0.4811	0.6549	0.0596	5.7884
研发强度	rdl	10.7592	1.1989	7.0975	13.2057
投资开放水平	fdi	0.0245	0.0190	0.0004	0.0819
能源消耗量	ec	9.2064	9.2064	0.7440	6.6094
社会消费品零售总额	scr	8.1632	1.0963	4.9255	10.4556
政府干预程度	gov	7.5582	0.5981	4.8124	9.5064

6.3.2　空间模型设定

在建立模型前提出如下假设：

假设 1：强制型环境规制工具可以显著降低污染产业集聚程度，环境治理效果显著。

假设 2：环境规制政策会降低发达地区高污染产业的空间集聚程度，同时会造成污染产业的空间溢出现象。

假设 3：强制型环境规制工具会加快发达地区高污染产业向欠发达资源型地区转移的速度。

1. 基础模型

为验证环境规制对污染产业产生的空间外溢性，借鉴空间杜宾模型，设定如下模型：

$$Y_{i,t} = \alpha_0 + \rho w_{ij} Y_{i,t} + \alpha_1 X_{i,t} + \alpha_2 w_{ij} X_{i,t} + \beta_1 Z_{i,t} + \beta_2 w_{ij} Z_{i,t} + \varepsilon_{i,t}, \varepsilon_{i,t} \sim N(0, \sigma^2)$$
$$(6.2)$$

其中，$Y_{i,t}$ 表示 i 地区在第 t 年的污染产业集聚度；w_{ij} 表示空间权重矩阵元素；$X_{i,t}$ 代表 i 地区在第 t 年的环境规制强度，本章为强制型环境规制工具和市场型环境规制工具的实施强度；$Z_{i,t}$ 为其他控制变量；$\varepsilon_{i,t}$ 为误差项；ρ 为污染产业集聚度的空间自相关系数；α_1 和 α_2 为环境规制变量的系数和空间外溢效应系数；β_1 和 β_2

为控制变量的系数和空间外溢效应系数。

2. 拓展模型

在上述静态空间杜宾模型的基础上，考虑到模型的内生性和变量间存在的
"时间惯性"，引入 $Y_{i,t}$ 的滞后变量 $Y_{i,t-1}$，构建如下能反映污染产业集聚度空间外
溢的动态空间杜宾模型：

$$Y_{i,t} = \theta Y_{i,t-1} + \rho w_{ij} Y_{i,t} + \alpha_1 X_{i,t} + \alpha_2 w_{ij} X_{i,t} + \beta_1 Z_{i,t} + \beta_2 w_{ij} Z_{i,t} + \varepsilon_{i,t}$$

$$\varepsilon_{i,t} \sim N(0, \sigma^2 \boldsymbol{I}) \tag{6.3}$$

6.3.3 全域空间自相关性检验

在引入空间计量方法进行统计分析之前，先确定使用空间计量模型的必要性。
度量空间自相关性最可靠的方法是莫兰指数 Moran's I。此处选取 2013 年的面板
数据计算经济地理距离空间权重矩阵下我国各省区环境规制强度的莫兰指数，以
检验被解释变量之间的空间自相关性。

莫兰指数的计算公式如下：

$$\text{Moran's } I = \frac{N}{\sum\limits_{i}^{n} \sum\limits_{j}^{n} w_{ij}} \cdot \frac{\sum\limits_{i}^{n} \sum\limits_{j}^{n} w_{ij} (X_i - \bar{X})(X_j - \bar{X})}{\sum\limits_{i}^{n} (X_i - \bar{X})^2}$$

$$S^2 = \frac{1}{n} \sum_{i=1}^{n} (Y_i - \bar{Y})^2$$

$$\bar{X} = \frac{1}{n} \sum_{i=1}^{n} X_i, \bar{Y} = \frac{1}{n} \sum_{i=1}^{n} Y_i$$

莫兰指数的值在 -1 和 1 之间。该数值大于 0，代表变量之间呈现出的空间自
相关性发挥正的空间效应；小于 0，代表变量之间的空间自相关性为负；等于 0，
则表示变量之间无空间自相关性。经过标准化后的统计量 Z 值表示空间自相关性
的显著性水平。

对污染产业转移的莫兰指数在两种矩阵测算角度下得出相关结果，见表 6.3，
满足莫兰指数大于 0 且在 5% 的水平上通过检验，说明污染产业转移确实在省域间
存在较强的空间溢出性。

表 6.3 2005—2018 年污染产业集聚的莫兰指数

年份	地理距离矩阵 W_1			经济地理距离矩阵 W_2		
	Moran's I 值	z 值	P 值	Moran's I 值	z 值	P 值
2005	0.087	3.395	0.001	0.080	2.954	0.003
2006	0.033	1.921	0.055	0.052	2.283	0.022
2007	0.049	2.321	0.020	0.066	2.583	0.010
2008	0.057	2.531	0.011	0.069	2.656	0.008
2009	0.057	2.558	0.011	0.074	2.802	0.05
2010	0.036	1.980	0.048	0.054	2.274	0.023
2011	0.010	1.254	0.021	0.021	1.437	0.051
2012	0.029	1.768	0.077	0.044	2.034	0.042
2013	0.034	1.930	0.054	0.049	2.158	0.031
2014	0.029	1.790	0.074	0.043	2.020	0.043
2015	0.039	2.091	0.037	0.052	2.259	0.024
2016	0.045	2.261	0.024	0.056	2.362	0.018
2017	0.044	2.202	0.028	0.052	2.242	0.025
2018	0.041	2.132	0.033	0.050	2.198	0.028

6.3.4 局域空间自相关性检验

进行全域空间自相关性检验的目的是验证我国 30 个省份的产业空间分布存在空间自相关性，但在空间自相关性的具体阐述方面并没有作出说明。局域空间关联可能出现与全域空间关联相异的非典型状况，即所谓空间异质性。莫兰散点图可以用来表示每个地区与周围省份间的空间差异程度。

图 6.2 给出了 2004 年、2010 年及 2016 年我国 30 个省份产业空间分布演化的莫兰散点图。可以发现，无论从经济地理距离矩阵还是从地理距离矩阵的图像来看，大部分点均聚集于第一和第三象限，且拟合直线的斜率为正，说明某一省份与邻近省份的产业空间分布之间存在较显著的正向相关关系。以上分析表明，我国各省份产业空间分布演化的空间关联性比较显著，引入的空间计量模型是合理的。后文将在经济地理距离矩阵的基础上构建空间计量模型，以考察污染的外部性对各省份产业空间分布演化的影响。

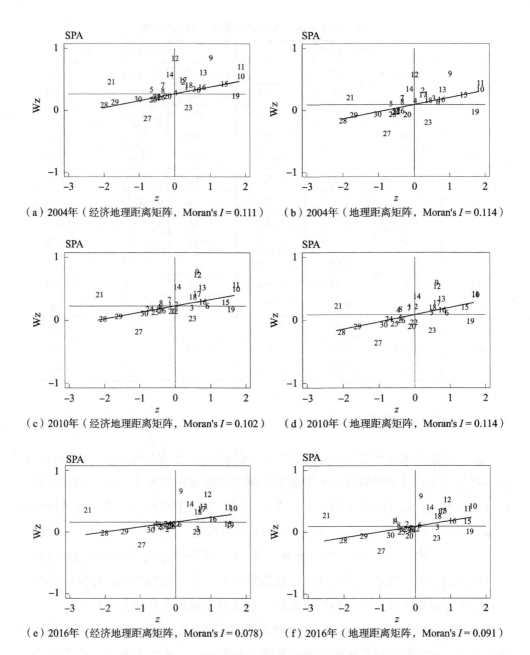

（a）2004年（经济地理距离矩阵，Moran's I = 0.111）　　（b）2004年（地理距离矩阵，Moran's I = 0.114）

（c）2010年（经济地理距离矩阵，Moran's I = 0.102）　　（d）2010年（地理距离矩阵，Moran's I = 0.114）

（e）2016年（经济地理距离矩阵，Moran's I = 0.078）　　（f）2016年（地理距离矩阵，Moran's I = 0.091）

图 6.2　我国 30 个省份产业空间分布演化的莫兰散点图

6.3.5　权重矩阵的构建

1. 空间权重矩阵的设计

本节以地理距离矩阵和经济地理距离矩阵构建模型，并进行单位化处理。其中：地理距离矩阵 W_2 的元素由两省份行政中心地理位置的直线距离的倒数决定；经济地理距离矩阵 W_3 的元素以区域人均 GDP 差值的倒数为权重，表示各个地区间的关联程度，并引入地理因素。

2. 空间权重矩阵的构建

在计算过程中需要引入空间权重矩阵 W，W 用来表示地区之间的空间邻近关系。在构建空间权重矩阵时要选取适当的权重矩阵，以表示空间单元之间相互影响的程度。常用的权重矩阵有邻接矩阵、地理距离矩阵和经济地理距离矩阵等。

在构造邻接矩阵时，矩阵元素由两省区是否有共同边界决定。若有共同边界，则共同边界取 1，否则取 0。为避免某一单元不与任何其他单元接邻而引起难以处理的"孤岛"效应，假定海南省与广东省接邻。邻接矩阵模型下，$w_{ij}=1$，表示区域 i 与 j 相邻；$w_{ij}=0$，表示区域 i 与 j 不相邻。

构造地理距离矩阵时，矩阵元素由两省区行政中心地理位置的直线距离的倒数决定。地理距离矩阵模型下，$w_{ij}=1/d_{ij}$，d_{ij} 表示地区 i 与 j 之间的距离。

构造经济地理距离矩阵时，矩阵元素以区域人均 GDP 差值的倒数为权重，表示各个地区间的关联程度。

经济地理距离矩阵模型下，区域间的经济联系表示如下：

$$w_{ij} = \begin{cases} 1/(\overline{Y}_i - \overline{Y}_j), & i \neq j \\ 0, & i = j \end{cases}$$

此时

$$\overline{Y}_t = \frac{1}{t_1 - t_0 + 1} \sum_{t_0}^{t_1} Y_{i,t}$$

引入地理因素后，经济地理距离空间权重矩阵设定如下：

$$W_3 = W_d \operatorname{diag}(\overline{Y}_1/\overline{Y}_2, \overline{Y}_2/\overline{Y}_3, \cdots, \overline{Y}_n/\overline{Y})$$

其中，W_d 为地理距离矩阵。由此建立的经济地理距离嵌套矩阵既可以表示东、西部的差异，又可以表征区域间不同的影响强度。

6.4　实证结果分析

6.4.1　全域样本下的空间回归分析结果

根据上文对空间计量模型的设定和描述，在对空间杜宾模型和动态空间杜宾模型进行分析之前，先进行 Hausman 检验，检验结果显示拒绝原假设，即两个模型需选择固定效应。固定效应回归分析结果见表 6.4。

表 6.4　全域样本下的空间回归结果

变量	地理距离矩阵 W_1				经济地理距离矩阵 W_2			
	空间杜宾模型		动态空间杜宾模型		空间杜宾模型		动态空间杜宾模型	
pog_{t-1}	—	—	0.224*** (4.97)	0.251*** (5.48)	—	—	0.227*** (5.02)	0.258*** (5.66)
cer	−0.674** (−2.34)	—	−0.992*** (−3.84)	—	−0.604** (−2.06)	—	−0.928*** (−3.60)	—
mer	—	−0.038 (−1.30)	—	−0.057** (−2.09)	—	−0.041 (−1.36)	—	−0.056** (−2.03)
str	0.427*** (7.18)	0.416*** (6.92)	0.283*** (3.94)	0.320*** (4.44)	0.401*** (6.63)	0.398*** (6.59)	0.295*** (4.14)	0.318*** (4.34)
estru	−0.001*** (−2.88)	−0.001*** (−3.51)	−0.001*** (−2.62)	−0.001*** (−2.85)	−0.001*** (−2.63)	−0.001*** (−3.35)	−0.000** (−2.29)	−0.001*** (−2.66)
rdl	−0.075* (−1.89)	−0.088** (−2.23)	0.009 (0.24)	−0.019 (−0.50)	−0.072* (−1.78)	−0.085** (−2.10)	−0.004 (−0.10)	−0.024 (−0.65)
fdi	1.234* (1.81)	1.323* (1.93)	1.529** (2.34)	1.802*** (2.71)	1.210* (2.78)	1.401** (2.05)	1.570** (2.47)	1.773*** (2.73)
ec	0.323*** (3.71)	0.336*** (3.79)	0.247*** (3.00)	0.244*** (2.91)	0.354*** (4.04)	0.369*** (4.16)	0.205** (2.43)	0.213** (2.45)
scr	−0.134 (−0.76)	−0.053 (−0.30)	−0.237 (−1.30)	−0.245 (−1.32)	−0.018 (−0.10)	0.037 (0.21)	−0.306* (−1.70)	−0.278 (−1.51)
gov	−0.129 (−1.39)	−0.130 (−1.40)	−0.165* (−1.84)	−0.180** (−1.97)	−0.149 (−1.58)	−0.155* (−1.65)	−0.166* (−1.82)	−0.183** (−1.98)

由表 6.4 可知，在空间杜宾模型和动态空间杜宾模型中，各量的系数符号基

本保持一致；在两种不同空间权重矩阵下，各空间变量系数的大小及显著性在不同范围内发生了变化，说明环境规制工具对污染产业转移在不同区域特征下有着比较明显的差异，引入两种矩阵是有必要的。在污染产业转移与环境规制影响关系的静态杜宾模型中，强制型环境规制与市场型环境规制都产生负向影响，但相比之下，强制型环境规制对污染产业转移的影响更显著，且在较小范围内其影响程度不随空间权重矩阵的改变而改变，即强制型环境规制政策实施力度越强，当地节能减排效果越好。这在一定程度上降低了当地的污染产业集聚程度，达到本地区的污染减排目标，但是部分高污染产业会转移到规制强度较弱的欠发达地区。同时，两个模型中的市场型环境规制工具对污染产业转移的影响存在较大差异。在静态模型中，市场型环境规制工具的政策效果不显著，这说明企业进行环境治理需要付出相应成本，会在污染治理与企业效益之间进行权衡。在短期内，即在不考虑时滞的情况下，强制型环境规制工具比市场型环境规制工具的效果好，这验证了假设 1。

为了更好地解释环境规制下的污染产业空间转移现象，进一步对动态空间杜宾模型的回归结果进行分析，结果如下：

1）滞后一期的污染产业转移变量 pog_{t-1} 的回归系数在地理距离权重矩阵和经济地理距离权重矩阵下都在 1% 的水平上显著，且系数值不随矩阵改变而发生变化，这说明污染产业转移具有明显的“时间惯性”，当期的污染产业转移水平易受前期的影响。污染产业转移滞后一期的空间外溢效应系数在地理距离矩阵下显著，但在经济地理距离矩阵下不显著，这说明该项指标在地理位置上的空间依赖性比较明显，经过一段时间后，污染产业会向邻近的环境规制强度较弱的地区转移，向经济发展状况类似的地区转移的可能性不大。这证明了环境规制政策的实施会造成污染产业溢出的事实，验证了假设 2。

2）强制型环境规制工具与污染产业转移的回归系数在两种空间权重矩阵下均显著为负，说明该项指标与污染产业转移存在显著的负向关系。强制型环境规制强度越强，环境治理效果越好，污染产业集聚程度越低，污染产业溢出现象越明显，这同时验证了假设 1 和假设 3。当强制型环境规制水平较高时，高污染排放且收益较高的工业企业会随着产业的转移而向其他地区转移。在这种情况下，环境规制强度较弱的相邻地区会沦为“污染避难所”。造成这种情况的原因有以下两个：一是在环境规制政策指导下，各地区环境规制工具发挥的作用存在差异，一些发展较慢且环境规制水平不高的地区在产业结构调整的过程中为在短期内实现收益最大化，承接了一些高污染、高排放的行业，使地区陷入不可持续发展的困境；二是污染产业转移具有负外部性，而强制型环境规制政策具有一定的正外部性，在行政压力下，强制型环境规制政策会使严格执行的省份迫于生产和治理压力，不得不转移到现阶段节能减排压力较小且有生产基础的地区，在保证收益不受损的情况下还可以完成节能减排的任务。但是，由于现阶段的绿色技术创新程度不高，污染产业溢出的同时相应的处理技术没有溢出，从而加重了周边污染产业承接地区污染治理的压力。

3）市场型环境规制对污染产业转移存在负向影响作用，且在5％的水平上显著。这说明在该类政策实施的过程中，当地涉及污染排放的企业通过加大污染排放的治理投资，在实现成本最小化和经济利益最大化的同时降低了当地污染产业集聚度，达成预期的环境效益目标。但相比于强制型环境规制，其影响效果较小，且市场型环境规制的空间滞后项回归系数在两种权重矩阵下都不显著。其原因可能是市场型环境规制的经济主体具有一定的选择权，当环境污染治理的成本超过其获得的收益时，作为追求经济利益最大化的理性人，相关经济主体将在治理环境的成本与发展经济的成本间进行资源配置，通过减少污染环境治理成本获取更高的经济收益。尽管两类环境规制的作用效果都能满足治理环境的需求，但强制型环境规制的作用效果明显优于市场型环境规制，且会导致污染产业转移的速度加快，这验证了假设2和假设3。

4）在控制变量中，结合两种类型的环境规制在不同空间权重矩阵的情况下考虑，产业结构的回归系数都显著为正，这说明第二产业的产值越高，污染产业集聚度越高，所以，合理规划第二产业的结构，提升绿色技术创新水平，改变粗放的生产方式对改善环境污染具有一定的促进作用。要素禀赋结构与污染产业集聚成负相关关系，应根据实际情况对生产要素进行合理配置，当雇用的劳动力一定时，资本投入越多，越有利于缓解"高投入、高污染"的生产情况。研发强度在动态空间杜宾模型的回归结果中不显著，但是在空间杜宾模型的结果中显著，这说明考虑到时间和研发成本因素时，研发强度在降低当期污染产业集聚度上具有更显著的效果。外商直接投资与污染产业集聚成正相关关系，说明外资的引入在扩大当地经济规模的同时会不可避免地进一步加强当地污染产业集聚，不利于改善环境。能源消耗量的回归系数显著为正，与污染产业集聚成正相关关系。社会消费品零售总额对污染产业集聚的影响为负值但不显著，说明社会商品销售和服务水平的提高在一定程度上可以减轻生产过程对环境的破坏。政府干预程度可以有效降低污染产业集聚度，即随着地方政府一般预算支出的增加，对企业治理环境污染给予资金方面的支持和鼓励，更有利于降低当地污染产业的集聚度。

6.4.2 全域样本下的静态空间分解效应

基于基准政策模型的回归结果进行直接效应和间接效应分析，其中，直接效应代表环境规制对本地污染产业集聚的总体影响，间接效应代表本地的环境规制政策对邻近地区污染产业集聚的总体影响。静态空间杜宾模型分解效应见表 6.5。由表 6.5 中的回归结果可以发现，解释变量 cer 对本地的污染产业集聚存在负面影响，且在经济地理距离权重矩阵下对邻近地区的污染产业集聚的影响程度比较显著，说明强制型环境规制指标可以有效降低污染产业集聚程度，促使污染产业在相邻地区间转移。市场型环境规制在地理距离矩阵中直接效应显著，在经济地理距离矩阵中间接效应显著，即在考虑地理经济差异在污染产业转移中发挥的作用时，污染产业更倾向于在市场机制的作用下发生转移。

表 6.5 静态空间杜宾模型分解效应

变量	W_2				W_3			
	直接效应	间接效应	直接效应	间接效应	直接效应	间接效应	直接效应	间接效应
cer	−0.638* (−1.93)	0.819 (0.20)	—	—	−0.591* (−1.60)	0.077* (0.01)	—	—
mer	—	—	0.007* (0.15)	1.368 (1.33)	—	—	0.030 (0.59)	2.099** (2.03)
控制变量	YES	YES	YES	YES	YES	YES	YES	YES

6.4.3 局域样本下的动态空间分解效应

按照常规地区分类方法，将所研究的 30 个省区分为东、中、西三个区域。表 6.5 中的结果表明，在两种空间矩阵下，东部地区受到两种环境规制工具的影响比较明显，污染产业集聚度不管是长期直接效应还是短期直接效应都存在弱化现象，但对于在地理距离权重矩阵测算下的间接效应而言，无论长期效应还是短期效应都不显著，这主要是由于出于对地理位置、生产成本和环境的考虑，尽管中、西部地区的环境治理成本较低，但东部地区污染产业转移到中、西部地区的可能性较小。综合对比两种权重矩阵可知，东部地区在经济地理距离矩阵下测算的环境规制导致的污染产业空间溢出效应比较显著,这种情况说明"污染避难所"现象在东部地区比较多见;污染产业在本地的集聚程度较低,但是会向周边经济发展程度、要素禀赋能够互补的地区转移;短期内污染产业向这类地区转移的可能性不高,但是随着区域一体化战略的推进,污染产业向该类地区转移的负外部性逐渐凸显出来,如长三角地区明显存在这样的情形,相关研究也得出了相似的结论。综合对比两种类型的环境规制可以发现,强制型环境规制的影响更大。结合东部地区的发展现状可知,相较于中、西部地区,东部地区工业比较发达,相应地,能源消耗量大,高污染产业集中,实行更加严格的强制型环境规制政策,提高该地区的污染物排放标准,在一定程度上可以有效促进东部地区的节能减排,但是其他与其经济结构相似、地理位置相近的地区也需要应对污染产业转移的风险。局域样本下动态空间效应分解见表 6.6。

表 6.6　局域样本下动态空间效应分解

变量		地理距离矩阵 W_2			经济地理距离矩阵 W_3		
		东	中	西	东	中	西
cer	短期直接效应	−0.641***	−0.100	−0.408***	−0.658***	−0.085	−0.388***
		(−3.83)	(−0.73)	(−2.88)	(−4.07)	(−0.60)	(−2.71)
	短期间接效应	−1.928	−0.320	0.343	−1.892*	0.024	0.174
		(−1.33)	(−0.86)	(0.71)	(−1.67)	(0.07)	(0.34)
	长期直接效应	−0.653***	−0.104	−0.459***	−0.665***	−0.091	−0.430***
		(−3.83)	(−0.72)	(−2.78)	(−4.07)	(−0.60)	(−2.71)
	长期间接效应	−1.986	−0.326	0.390	1.920*	0.280	0.202
		(−1.33)	(−0.85)	(0.75)	(−1.67)	(0.08)	(0.36)
mer	短期直接效应	−0.003*	−0.018	−0.035*	−0.000*	−0.210	−0.380**
		(−0.19)	(−1.28)	(−2.36)	(−0.09)	(−1.42)	(−2.49)
	短期间接效应	0.150	0.060	0.010	−0.090	0.079**	0.002
		(0.63)	(1.28)	(0.65)	(−0.71)	(2.00)	(0.03)
	长期直接效应	−0.030*	−0.020	−0.040**	−0.002*	−0.023	−0.042**
		(−0.18)	(−1.29)	(−2.36)	(−0.00)	(−1.40)	(−0.49)
	长期间接效应	0.121	0.062	0.046	−0.093	0.082**	0.003
		(0.63)	(1.29)	(0.68)	(−0.71)	(2.01)	(0.05)
控制变量		YES	YES	YES	YES	YES	YES

对于中部地区来说，两种环境规制政策工具在两个不同的空间距离矩阵下均不显著。这是因为，相比于发达的东部地区，西部绝大部分是资源型地区，资源配置效率较低，产业结构不尽合理，工业发展不充分、不平衡，产业结构调整难题较多，转型速度较慢。所以，部分地区在经济发展过程中不可避免地需要处理经济增长与生态环境保护之间的关系。王馨康等的研究表明，中部地区仍需通过扩大工业规模发展经济，要想在当地进一步推行碳减排政策，需制定比较完善的环境规制政策，加大市场监督力度，保证当地经济建设与环境保护协同发展。从回归结果来看，不管是长期直接效应、长期间接效应，还是短期直接效应、短期间接效应，中部地区的污染产业都不会在环境规制政策工具的作用下向地理距离较近的地区转移。与此同时，在市场型环境规制工具的作用下，环境规制水平越高，向经济结构相似的地区进行污染产业转移的现象就越少，这是因为这样的转移既不利于地区发展，也不利于环境治理。东部地区与中部地区之间的产业关联度不高，所以中部地区承接东部地区污染产业的现象不显著。

从西部地区的回归结果来看，两种类型环境规制工具的作用都显著。强制型环境规制工具不管是长期直接效应还是短期直接效应，都表现出正向的治理效果，虽然这类环境规制工具强度的增加会导致本地污染产生溢出效应，但是这种溢出效应主要集中在本地，且市场型环境规制工具也有同样的影响效果，但是强制型环境规制工具的影响更大。西部地区与中部地区间接效应的情形相似，污染产业向周边地区或者经济状况类似的地区转移的可能性较小，但是不管是短期还是长期，西部地区的环境规制政策工具对污染产业聚集的影响效果都比较显著，这说明欠发达地区的治理强度超出了自身的承载能力，尽管环境治理政策一直在实施，但是这些地区的污染增速仍然没有放缓，高污染、高排放的企业数量仍在增加。除了解决本身存在的环境问题，这些地区还具备了东部地区部分转移产业继续发展的基础和条件，因此，西部地区不仅需要对本地区的环境问题进行有效处理，还需要消除污染产业转移带来的短期和长期的负外部性。

6.5　稳健性检验

对动态面板进行系统 GMM 检验。根据动态面板系统 GMM 模型的宽松假定设计，以市场型环境规制 cer、强制型环境规制 mer 及被解释变量的滞后值作为工具变量进行估计，估计结果见表 6.7。

表 6.7　基于动态面板系统 GMM 的稳健性检验

变量和指标		cer		mer	
		系数值	z 值	系数值	z 值
pog_{t-1}		0.341***	4.55	0.439***	8.66
cer_{t-1}		−0.829**	−2.15	—	—
mer_{t-1}		—	—	−0.230***	−2.73
控制变量		YES		YES	
Sargan 检验	统计值	53.87		52.73	
	伴随概率	0.556		0.599	
AR（1）	统计值	−1.67		−2.76	
	伴随概率	0.094		0.006	
AR（2）	统计值	−1.600		−0.433	
	伴随概率	0.110		0.665	

　　由表 6.7 可知，Sargan 检验值的伴随概率为 0.556 和 0.599，均大于 0.1，因此接受原假设，工具变量有效；AR（1）检验的伴随概率皆小于 0.1，且 AR（2）检验的伴随概率大于 0.1，这说明存在一阶自相关性，但不存在二阶自相关性。表 6.7 的结果说明本章选用的控制变量合理，且以市场型环境规制 cer 和强制型环境规制 mer 的滞后一期值及被解释变量的滞后一期值和滞后二期值进行估计时，市场型环境规制和强制型环境规制的参数估计结果未发生明显变化，表明模型结果稳健。

第7章　主要结论和政策建议

本书基于 2005—2018 年的省际面板数据构建了静态和动态空间杜宾模型，在新结构经济学的视角下从政府、企业与公众的角度分析了不同类型环境规制工具对污染产业空间转移在全国层面和省级层面的影响，得出以下结论：

1) 对于各个区域内不同程度的污染产业集聚水平，不同类型的环境规制对其产生的作用效果存在明显差异，环境规制强度的增加会在一定程度上使相对发达地区的高污染产业伴随着产业承接转移到经济状况相似地区或者欠发达地区。整体来看，强制型环境规制的治理效果不管是在省域还是在全国分区域层面均优于市场型环境规制，通过控制污染物排放可直观地降低污染产业集聚度；随着强制型环境规制政策工具实施力度加大，"污染避难所"效应逐渐明显，造成污染产业外溢现象。市场型环境规制政策工具的采用对污染治理有比较显著的正向作用，其作用效果需要经过一段时间的积累。随着该类环境规制政策工具使用强度加大，本地的污染产业集聚程度会升高。这是因为企业治理污染的成本较高，尤其是对于清洁技术水平不高的中小型工业企业，当环境治理的收益远远小于治理的成本时，企业会在经济利益和治理成本间进行权衡，导致陷入环境规制政策工具强度越高、污染排放不降反升的困境。

2) 强制型环境规制工具对东部、西部地区的污染产业空间集聚呈现出明显的负向影响，且对东部地区的影响程度高于西部地区，在短期内直接影响效果显著，这表明提高东、西部地区的污染排放指标可有效降低该地区的污染产业集聚度，但是会造成污染产业向西部地区转移。强制型环境规制政策工具对中部地区的污染产业空间集聚影响效果不显著，意味着中部地区的污染产业集聚和污染产业转移现象不是很明显，或者中部地区的强制型环境规制政策工具有较长的时间滞后性。

3) 市场型环境规制政策工具对西部地区的影响最大，相比之下，东部地区所受的影响较小，中部地区则有反向的影响，这表明西部地区通过缴纳排污费和加大对污染排放物的清理投资力度有助于降低本地区的污染产业集聚程度，且能够有效地控制本地污染排放。大部分中部地区企业既处于产业转型阶段，又处于产业结构调整初期，其中大部分工业企业的节能减排技术不太成熟，清洁技术创新效率较低，生产陷入"低端锁定"的困局，由于环境规制倒逼的创新补偿较低，污染排放出现不降反升的情况。

4) 在空间滞后性因素的影响下，污染外部性对本省份及周围省份具有不同的促进或抑制作用。污染外部性水平提高时，本省的产业空间分布情况会改善，但邻近省份的产业空间分布演化水平会降低。环境规制对产业空间分布具有显著的空间溢出效应。环境规制强度提高会使本地区产业空间分布水平显著提高一定的比例，并使相邻省份产业空间分布水平提高。从总效应水平来看，环境规制水平对产业空间分布演化产生正向空间溢出效应。污染外部性和环境规制的共同作用会对产业空间分布演化产生较大的影响，且该影响表现出积极的效应。环境规制是造成污染产业转移的主要因素。就目前所处的发展阶段来看，我国还无法对所有污染产业进行调整和升级，很多本该被淘汰的污染产业为了生存会选择从相对发达的地区迁移到环境规制强度较弱的欠发达地区，欠发达地区为了发展本地经济也有接受污染产业的意向，而污染产业短期内带来的经济收益会刺激地方政府进行非理性竞争，为更多的污染产业提供生存和发展空间，使污染产业选择转移而非进行技术创新和升级。

由异质性环境规制影响污染产业绿色转型的理论研究和实证分析发现，异质性环境规制对污染产业绿色转型有不同的政策效果。不同类型的环境规制会涉及不同的主体，所以解决重污染产业能源利用效率低下、污染排放严重的难题，不仅需要政府部门制定强制性法规，还需要污染企业协同配合及社会公众积极参与监督，从而构建多种利益主体共同参与的协同治理体系。一方的力量是远远不够的，需要多方共同参与、积极配合。因此，结合市场机制的影响，本书从政府、企业、社会公众三个利益主体出发，就加强绿色技术创新、推动传统产业绿色转型、实现可持续发展提出政策建议。

资源型城市的政府部门应作出积极响应，因地制宜、积极主动地实施差异化环保措施，通过市场化手段激励相关企业采取污染减排措施，如增加中、高污染型企业的税收，在政策上给予处于转型期的企业一定优惠，加强市场方面的正向引导等。公众参与环境监督有利于生态文明建设，要鼓励群众参与到污染治理中，充分发挥媒体及社会舆论对污染企业的监督作用。

7.1　充分发挥政府环境规制的主体作用

政府作为制定环境规制政策的主体，应根据不同类型环境规制的特点及作用效果，科学、合理地制定并实施相关环境规制政策，充分发挥政府政策的强制性作用，确保环境污染治理取得显著成效，使环境规制各项工作取得显著进展。

7.1.1　制定科学的环境规制政策

合理的环境规制强度会最大限度地发挥创新补偿效应，调动企业技术创新的积极性，推动高污染产业向绿色高新技术产业转型发展，发挥政策的最佳效果。要从相关体系与治理投资两方面入手，完善环境规制制度，增加污染治理投资，大力推进绿色发展，不断完善现代化经济体系。政府有关部门应在广泛调研的基础上积极制定合理的环境规制政策，完善环境规制政策体系，适度加大环境规制的政策力度。由于不同类型的规制方式各有特点，其影响存在差异，为了提升环境规制的效果，应当立足于实际情况，选取有针对性和差异化的规制政策，科学地设定环境规制的强度，合理选择环境规制的形式，实现优势互补，通过环境规制倒逼企业进行绿色技术创新，推动产业结构绿色转型。

为了实现经济的可持续发展，政府部门和相关机构应及时更新环境领域的法规条例，对相关法律条文进行修订和完善，提高环境治理强度，有意识地培养并提升工作人员治理环境污染的责任感。同时，加大环境部门的人力和物力资源投入，扩大网络监管覆盖面，确保相关数据准确、透明、公开。

环境规制引起的制造业产业转移与地方政府的政策存在很大关系。地方政府为了吸引外来投资往往会降低本地区的环境标准。因此，应做好与地方政府的协调工作，把对地方政府的考核与生态环境标准结合起来，采用科学的评价标准体系，做好各地区的发展规划，促进可持续发展。

7.1.2　选择合理的环境规制工具

政府部门需要综合考虑环境规制本身的特性及规制主体的生产经营状况，实现环境规制工具的有效组合使用。前文对各类环境规制手段的优势与不足的对比分析可以为政府相关部门的决策提供参考。相关部门可根据现实状况，选择和搭配合适的环境规制政策，对不同的环境规制形式进行优化组合，释放技术溢出效应，实现协同与互补，从而有效推动我国产业结构转型升级。此外，各地区相关部门应综合评估当地资源损耗、环境污染、技术创新水平及产业所处的发展阶段，构建市场导向的绿色技术创新体系，通过合理、严格的环境规制手段倒逼产业结构调整，加快建立绿色生产和消费的法律制度和政策导向，建立健全绿色、低碳、循环发展的经济体系。

因地制宜制定环境规制措施，将命令控制型环境规制工具和市场激励型环境规制工具有效结合，实现经济发展与环境保护的双赢。不同的环境规制方式对产业结构调整的影响差异显著，这就要求政策制定者在增强环境规制强度的同时还要注重环境规制的运用方式，只有采取适宜的方式才能够最大限度地推动地区污染产业的转移和产业结构的升级。因此，未来较长一段时间内，政府相关部门需合理调整环保投资的结构，转移环保投资的重心，加大工业污染源治理投资和建设项目"三同时"（同时设计、同时施工、同时使用）投资的比重，提升环保投资效益，优化投资结构。同时，以企业为主体，从污染的源头着手，带动以企业为主的"源头治理"，推动地区环境保护从"末端治理"向"源头治理"转变，确保中央和省级环保督察整改任务全面落实，促进地区污染产业的转移和本地产业的技术升级，大力发展壮大新产业、新业态和新模式，最终获得环境规制带来的环境改善与产业结构调整的双重红利。

首先，在政策执行过程中，应充分考虑资源型城市在各方面的异质性，合理规划政策布局，加强政策引导，制订详细、具体的污染治理标准，适当给予污染减排压力较大的城市、中部地区资源型城市政策倾斜，在促进各地区平衡发展的同时有效实现污染减排。结合地域特点，探寻新能源，继续加大创新投入，大力扶持新兴产业及高新技术产业，打破对资源的过度依赖，积极促进相关产业的多样化发展，减少产业资源依赖产生的不利影响，走绿色发展之路。要不断健全环境法治体系，继续加大环境执法力度，强化"源头治理"，形成工作合力，形成导向清晰、决策科学、激励有效、多元参与、良性互动的环境治理体系，为推动生态环境根本好转、加快建设"美丽中国"提供有力的制度保障。除严格执行国家制定的环保法律法规外，还必须针对目前的环境问题制定适宜的环境保护措施，对症下药，加快补齐环境治理体制机制短板，助力环境问题的解决。环境规制标准要按照产业所能承受的最高强度设置，消除产业内各企业的投机心理。

其次，要制定明确的针对违规排污行为的惩罚措施，强化排污行为主体的责任，适当加大处罚力度。侧重于治污绩效的环境规制工具能够有效抑制污染产业的转移，而治污投资类的环境规制工具则能吸引更多的污染产业，因此应重视治污绩效型环境规制工具的使用，积极强化其执行效果。命令型环境规制适用于环境污染程度高、经济发展水平低的地区，而对于环境污染程度较低且经济发展水平较高的地区，应该以市场激励型环境规制手段为主，辅之以自愿意识型环境规制手段，两者相辅相成，营造良好的自主创新环境，促进制造业产业集聚与产业升级，提高企业的生产效率。政府部门在制定环境规制政策的过程中要注意奖罚分明，一方面加大环境污染惩罚力度，另一方面颁布促进企业绿色生产技术革新的补贴条例，鼓励企业积极进行技术创新，从根本上解决企业的污染排放问题，从而充分发挥环境规制的作用。

最后，政府部门应适当提高现有环境规制强度，制定更加严格的环境标准，实施严格化和精准化的环境规制措施。对于高污染、低产能的产业，要强制其退出；对新能源、新材料的开发和使用给予一定的政策优惠，实施绿色补贴政策，提供创新资金支持。由于不同行业的污染排放存在较大差异，需精准地测算污染排放量，科学地设定严重污染与轻度污染的评定标准。对污染较严重的产业采用控制型环境规制，严格限制污染排放量，在源头控制污染物的排放；对于轻污染型行业或企业可采用激励性规制，给予一定的政策激励（如环保补贴、融资支持），激励企业加大环保研发投入，提高污染治理能力，增强绿色管理，引进清洁生产设备，对生产工艺进行绿色改造，生产清洁型产品。

7.1.3　实行严格的环境规制制度

首先，应分地区循序渐进提升我国环境规制强度。由对我国地区层面环境规制强度的实证研究可以看出，我国东、中、西部地区的环境规制强度存在较大差异，这主要是由于各地区的经济发展水平存在较大差距。环境相关的问题最终还要归结为与经济基础相关的问题。应正确认识目前我国不同地区之间环境规制强度的差异，以及我国与其他国家尤其是发达国家环境规制强度的差距，切实做到经济发展与生态环境保护、资源节约的高效统一。具体来说，对我国不同的地区，提升环境规制强度的途径应根据其现状及发展趋势区别对待。对东部地区来说，其环境规制强度已非常高，并趋于稳定，提升空间不大，可以进一步提升环境规制严格程度，争取早日与国际接轨。对中部地区来说，其环境规制强度处于全国中等水平，有进一步提升的空间。对西部地区来说，其环境规制强度较弱，尤其是环境规制强度存在着较大的不稳定性。结合西部地区经济相对落后的现实情况，应着力提升西部地区的环境规制强度，加大生态环境突出问题整改工作力度，把各项工作措施落实到位，保证现有环境政策的执行力度。

其次，需建立环境规制政策与生态补偿政策的协调机制。国家层面上，应加强产业发展过程中对产业选择、技术标准的监控，积极促进东、中、西部地区制定统一的环境规制标准，通过消除环境规制政策的差异防止各地区政府部门的"竞次"竞争。尤其对于部分"污染避难所"效应较严重的地区而言，统一的环境标准底线是地区经济可持续发展的保障。加强制定和实施污染产业转移的宏观政策，坚持以习近平新时代中国特色社会主义思想为指导，强化对生态环境保护规划的统筹及建设项目的全流程、全周期生态环境管理，严格控制高污染、高能耗、低收益的污染产业向中、西部地区转移，为地方政府承接污染产业提供指导；统筹兼顾经济效益和生态环境保护，结合地方特色，优化污染行业的分布，推进产业结构升级和促进经济可持续发展。将每个区域的生态环境容量、资源承载能力作为承接转移污染产业的重要依据，化解新动能培育的长期性和污染防治工作的时效性之间的矛盾，为实现生态环境高水平保护和经济高质量发展提供理论依据与实践支撑。

最后，应落实党政主体责任，完善环境质量考核问责制度。由于地方经济发展水平存在差异，国家制定的环境规制政策往往处于"非完全执行"状态，导致污染产业从相对发达地区（如沿海地区）向欠发达地区（如内陆地区）转移。为促进环境保护政策的有效实施，必须坚持可持续发展的战略目标，将生态文明建设纳入地方领导干部考核体系，在生态环境破坏问题方面实行责任追溯与"一票否决"制度，提高政府环境保护政策的执行和监督水平。统一协调功能相似地区的环境保护政策，减少环境规制政策漏洞，形成系统的环境规制体系。区域性环境规制政策的差异是导致污染产业在区域间转移的重要条件，在全国范围内建立一致的环境规制政策体系并不现实，也很难贯彻落实。所以，我国在环境规制标准的顶层设计中必须综合考虑每个地区社会经济发展的实际情况，依据各地区经济发展水平、环境承载能力和未来的发展方向划分主体功能区，对主体功能相近的区域实施协调统一的环境规制政策，一方面可以防止"一刀切"环境规制政策体系带来的执行不彻底的问题，有助于进一步完善区域环境规制制度，另一方面能够有效减少环境规制政策的区域性漏洞，减弱污染产业在区域间转移的内在动力。

7.2 充分发挥市场机制的引导作用

实证研究发现，市场激励型环境规制赋予环境资源一定的价格，使其参与市场买卖与流通，能够有效引导污染产业绿色转型，是新形势下解决环境保护与经济发展之间的矛盾的新方法。

7.2.1 借助市场激励机制发挥污染产业的主观能动性

我国污染产业要实现绿色创新转型，需要充分发挥企业的主观能动性，使环境规制成为创新发展的助推剂。首先，通过市场信号引导企业的生产决策，充分发挥市场对环境资源的有效配置作用，促使企业采用清洁高效的生产模式，有力推动产业绿色升级改造，实现经济发展与环境保护的双赢。其次，通过环境税和污染排放权交易等市场型环境规制政策的出台与实施，从利润、收益角度激励污染产业进行绿色转型。环境污染治理社会化和市场化可以加快环境污染治理的进程、促进环保产业市场的转化、推动环保产业的发展，可将企业的环境污染治理行为由被动转变为主动。目前的环境污染治理通常由排污企业"一包到底"，从污染治理的设施建设到污染减排设施的运行管理等，都由排污企业负责。对企业来说，这种方式一次性投资较大，短期内无法实现经济效益，且运行管理耗费人力、物力和财力。因此，排污企业对污染治理积极性不高，态度被动，推动起来难度很大。实行环境污染治理社会化和市场化，使污染治理转化为一种市场行为，由专门的环境污染治理企业负责，排污企业与污染治理企业之间仅存在简单的经济关系。污染治理设施的建设、运行管理等由污染治理企业负责，排污企业只需支付一定的费用，把排出的污染物交由治理公司处理。污染治理企业只有主动开发环境污染治理市场才能生存和发展，这样环境污染治理将转变为主动行为。最后，完善排污权交易相关法律法规，加快制定配套政策措施。目前，在国家层面上，我国尚未出台适用于全国范围的有关排污权交易规制的法律法规；在地方层面上，不少地区依据自身需求及发展状况出台了地方性排污权交易法规，如重庆市颁布了《主要污染物排污权交易试点方案》，河北省颁布了《主要污染物排污权交易管理办法》等，但这些只是零散的、没有统一标准的地方性法规，相较于国家层面的法律规定，其约束力及稳定性较弱。因此，在当前的法律法规及配套政策基础上，建议环保部门等依据交易市场具体运作情况自上而下设计并完善相应的法律法规及科学的奖惩条例等。例如，通过完善金融政策，如建立环境银行、允许排污权储存和租赁等，全面推进企业间排污权交易。作为一种市场型环境规制手段，排污权交易政策在制定过程中应更多地注重市场的调节作用，厘清政府与市场在交易过程中的角色定位，明晰一级市场政府与企业之间及二级市场各企业间的职责，明确各企业排污权的归属情况及对排污量的需求情况，使得排污权交易的整个流程标准化，从而有效监督企业的交易行为并控制污染物排放总量。

7.2.2 以市场调控机制提高污染产业的创新积极性

为了减少污染产业转移带来的影响，使政府、企业、社会公众发挥应有的作用，增强污染产业的环境保护意识，需要引入合理、有效的市场机制。市场机制一般包括市场激励机制和市场监督管理机制。一方面，要发挥市场机制对污染企业的激励作用，改进产品市场的污染工艺技术，改善资本市场投资者对污染企业投资的占比。另一方面，需提高相关产业的市场准入标准，规范经济主体的经济活动，加强市场的监测功能，在对违法污染行为进行严惩的同时最大限度降低市场的监督成本，从而达到减少污染的目的。

政府部门制定相关政策时要考虑企业的性质、企业所处的区域，做到统筹发展、"因地制宜""因企制宜"。政府要鼓励当地企业向拥有先进环保理念的国有企业和外资企业等学习先进的绿色生产技术。对于经济较发达的地区，政府要鼓励公众加强对重污染企业绿色投资的监督，调动企业治理污染的积极性；对于经济较不发达的地区，考虑利用市场激励手段加强对当地企业的引导，规范企业的环境发展报告及社会责任报告中关于绿色投资的信息披露，完善与强化企业的绿色信息披露机制。政府部门可通过阅读各个企业的年报发现环保信息的不足之处，及时督促企业提升绿色发展报告、社会责任报告中公布的环境信息的全面性和可信度。

与此同时，积极制定以消费为导向的环境规制政策。目前，我国的环境规制主要从生产者角度出发，忽视了消费者对产业结构升级的影响。生活垃圾也是重要的环境污染源，因此消费者的污染行为需要纳入环境规制政策框架。要鼓励消费者低碳消费，增强消费者对绿色消费品的偏好，从需求方面引导企业进行低污染和低能耗的技术创新，促进产业结构调整。

环境污染治理是一项巨大的工程，需要投入大量资金。国家在提高环保投入的同时，应不断鼓励多元化的环境保护投资，加强环境保护基础设施的建设。首先，要充分发挥对环保投入的引导作用，不仅要直接对污染治理给予资金支持，还要通过对企业投入的支持带动企业对环境保护的投入，提高企业开发环保产业、生产环保型产品、提供环保型服务的积极性。其次，要鼓励多元化投资。鼓励各种社会资本参与环境污染治理等基础设施的建设，鼓励环境污染治理产业化，培育市场化运作，通过各种融资机制建立环保基金，解决好基金的来源、使用、分配、管理等问题，补上环境保护需要的资金缺口。最后，不断发展环保产业。发展环保产业是解决环境保护与经济发展矛盾的有效方式，应坚持以市场为导向，以科技为支撑，以效益为中心，以企业为主体，推进技术进步，逐步建立与市场经济体制相适应的环保产业体系。

7.2.3 通过市场强化机制实现对污染产业的监督

我国的市场化进程逐年加快，但是市场化程度仍然不够高，尤其是各区域间存在较大的差异。政府部门应不断优化和市场的关系，坚定推行市场导向的经济建设模式，发挥市场配置资源的作用，简化行政管理模式，做好监督工作。同时，完善相应的法律法规，加大对企业知识产权的保护力度，对企业的创新活动给予补贴与支持，提高政策实施的透明度，保证公平性，在一定程度上缩小寻租空间，从根本上促进绿色创新。

企业是在相应的市场大背景与大环境下生存与发展的，市场机制对企业的生产经营活动起着决定性作用，因此市场机制的监督作用就显得尤为重要。一方面，可以通过建立有序的市场机制，对污染程度不同的行业收取不同的环境税，产生优胜劣汰效应，迫使污染产业进行绿色转型，提升市场型环境规制政策的实施效果。另一方面，通过加大市场监管力度，严格规范市场主体行为，严惩违法、不正当行为，促使相关企业进行技术革新，使用清洁原料、环保技术，减少污染排放，实现绿色发展。另外，政府部门还应加大对治污行业投资者的监管力度。治污产业化过程使政府部门从计划经济体制下的企业管理者转变为市场经济体制下的企业监督者，政府部门在产业化中仍然发挥着举足轻重的作用。政府部门不仅要为治污企业发展提供良好的社会和经济条件，更要在产业化中维护公众的利益。企业产权明晰之后，投资者会尽一切可能获取最大的利润。在企业追逐利润的过程中，有可能出现损害公众利益的情况。政府在监管过程中应当加大对投资方的监管力度，并制定相关的法律法规，做到对投资者违法监管行为有法可依。

7.3 充分发挥企业环保的关键责任

环境规制政策最终要由企业落实，因此企业的相关行为对保护环境起着举足轻重的作用。

7.3.1 加大企业技术创新力度，转变污染治理方式

创新是建设现代化经济体系的战略支撑，但因其对经济效益的提高作用具有时滞性，所以大多数企业优先选择扩大生产规模，而忽视了对技术研发的投入。对此，政府应从政策上鼓励和扶持企业进行环保技术创新，加大培育科技创新团队和引进与培养科技创新人才的力度，推动产学研相结合。作为环保责任主体，企业应具有环保战略眼光，将环保压力转化为技术创新的动力，通过源头治理从根本上解决污染问题。

当前我国环境规制政策的主要对象是全国范围内的全部行业，其任务是在某一阶段达到节能减排的整体目标，对区域间产业结构差异及行业特性的差异没有给予重视，从而增加了环境政策实施实际效果的不确定性。因此，需要制定差异化的环境规制政策，加强源头治理，进一步刺激企业的创新，激励企业提高资源的配置效率，提升生产技术水平，通过创新补偿效应抵消环境规制给企业增加的成本。我国污染排放强度不同的行业及区域在实施环境政策时存在差异，尤其是重污染行业与中度污染地区可能面临着较大的环境规制压力。因此，统一的环境规制政策虽然能够在一定程度提高企业的技术创新水平、优化产业结构，但并未最大限度地发挥作用，甚至会挫伤部分行业与地区产业升级的积极性。此外，我国当前的环境政策主要是针对企业在控制污染排放方面的规定，即主要采用"末端治理"的方法，目标是减少污染物排放，无法从根本上解决环境污染问题。因此，要制定差异化的环境规制政策，必须对不同地区的不同行业进行充分的调查，了解每个行业当前发展中实际污染排放情况，从而制定具体的规制政策。例如，对重度污染行业，因为其具有高能耗、高排放的行业特征，所以对其实施比较严格的环境规制政策，但这加重了该行业的负担。对此，不仅需要环境规制政策约束，还应优化资源配置。此外，政府可以对企业的税收进行减免，对污染处理工作做得较好的企业进行补贴。政府需要引导企业由"末端治理"转变为"源头治理"，对制造业生产过程中原材料的使用、工艺的提高制定具体的标准，从源头上

控制污染物的排放及生产过程中污染物的产生。

从企业的长远发展来看，进行技术创新不仅有利于环境规制成本内部化，提高企业的生产效率，也有利于企业树立良好的形象，增强市场竞争力。此外，加强技术创新能够促使企业从源头上减少污染排放，防止污染在区域间转移，还能使企业避免陷入低成本竞争的困境，最终获得更长久的发展。

7.3.2　完善污染企业约束机制，实现清洁高效生产

随着全社会环保意识的普遍提高，政府部门应加大对生态环境的治理力度，注重平衡和处理好发展与保护的关系，着力推进相关产业生产方式绿色化，逐步完善环境规制体系，着力改善环境质量。由于我国各区域发展不平衡，污染企业存在寻找"污染避难所"转移的趋势，这体现出工业企业对自身的约束机制尚不完善，缺乏技术创新和节能减排的长效激励机制，将严重制约我国低碳经济的发展进程。除了政府部门给予政策倾斜和资金支持，污染企业也要从自身出发，充分发挥主观能动性，在追求经济效益的同时考虑社会整体效益，同时加大研发投入，采用先进的工艺技术与设备，从源头上减少污染，提高资源利用效率，走绿色、健康的发展道路。

通常，环境规制政策在出台初期会因提高了企业的治污成本而对企业的短期收益产生影响，降低企业生产积极性，且此时其对企业开展创新的激励作用并不明显，不能起到立竿见影的作用。但随着环境规制政策的实施，其对创新及环境的效应会逐渐显现。对此，政府部门要统筹运用环保税收、收费及相关服务价格政策，加大经济杠杆调节力度，逐步使企业排放各类污染物承担的费用高于主动治理的成本，调动企业主动治污减排的积极性。此外，还要加快淘汰落后产能，发展节能环保产业，促进产业转型升级。企业应牢固树立绿色生产经营理念，制定绿色发展战略，实施绿色管理，提升绿色环保意识，实施清洁生产，注重源头治理。相关部门应建立健全环境保护产业协会，并通过该中介平台有效评估环境状况，合理制定环境治理措施，让企业切实感受到环境保护的重要性与紧迫性，最大限度地约束企业的排污行为，实现清洁、高效生产。

7.3.3　高效利用企业内部资源，促进产业结构升级

我国的污染密集型产业可能会向环境规制强度较低的地区集聚。因此，在我国东部地区转变经济发展方式、实现产业升级的背景下，应该正确处理经济发展

与环境保护的关系，严格把守环保准入关口，防止东部地区的产业在向中、西部地区转移的过程中造成环境污染的转移。承接转移产业的地区应结合当地的特点制定科学、全面的产业转移规划，严格筛选转移产业，并在产业转移的过程中提升产业的技术水平和管理水平，优化资源配置，实现经济高质量发展。鼓励企业提高研发创新水平，大力发展高新技术产业，坚持发展与环保并重，充分发挥市场在技术创新中的导向作用，提高企业自主创新的积极性，这对于我国产业升级具有重要意义。

污染产业的承接地要学习借鉴高新技术，实现资源的高效利用。污染产业转移为欠发达地区提供了开发新技术的动力和机遇，相关部门应鼓励承接地区导入新技术，进行技术改造与升级，提升污染排放控制技术水平，促进清洁生产和循环经济发展，从源头减少污染，提高资源利用效率，减少或避免生产、服务和产品使用过程中污染物的排放，实现企业内部资源的高效循环利用，尽可能不影响产业承接地的生态环境，促进经济提质增效，保证我国节能减排目标顺利实现。

产业转移并不能从根本上解决环境污染问题，必须加强创新，实施创新驱动发展战略，建立深层次的"去污"模式，用高新技术改造传统产业，降低资源、能源消耗，减少环境污染，转变落后的生产模式，提升产业竞争力。此外，政府必须发挥产业政策在产业转移过程中的引导与约束作用，加大环保科技研发投入，为中、西部地区产业的转型升级提供良好的外部环境。中、西部地区应积极承接环境污染治理工程，引进国外先进技术，并向国内其他区域及国外市场拓展，大力推广先进的污染处理技术在产业中的应用，从根源上减少生产对环境的污染。

7.4　充分发挥社会公众的辅助作用

当前，环境保护已经成为亟须解决的关键问题。社会舆论作为治理污染的新生力量发挥着越来越大的作用，但相比于发达国家，我国自愿型环境规制发展缓慢，在环境治理中具有较大潜力，亟须加大开发力度。政府应鼓励公众积极参与环保组织，监督企业的污染行为，形成约束企业污染行为的有效社会力量。合理利用社会公众的力量，建立环境保护、环境治理的大众参与机制，提高社会公众参与污染治理的积极性。政府部门可适当增加对积极参与监督活动的公众的补偿与奖励，并与相关科技中心合作，建立合理有效、功能强大的网络监管平台，达到在对污染企业进行监管的同时提高群众参与积极性的目的。

7.4.1 加强环保规制宣传，提高社会参与程度

加强环境保护工作是深入贯彻落实习近平新时代中国特色社会主义生态文明思想的必然要求，是推进经济社会可持续性发展的迫切要求，是加快转变经济增长方式、增强发展优势和竞争力的战略选择。环境保护是一项关系人民群众根本利益、关系民族振兴和国家长远发展的庞大系统工程，需要全社会共同努力。随着资源环境方面不断出现各种问题，上至国家规划总体布局、制定发展理念及建设"美丽中国"的宏伟目标，下至各级政府颁布各项环保法规条例及各类环保机构监管工作全面开展，所有人都在为了一个共同的目标而努力。社会公众作为国家的重要主体，是环境保护的重要动力，在节约资源、保护环境的重大任务面前责无旁贷。

政府部门可以通过制定合理的激励措施，促使社会公众和消费者重视环境保护问题，如通过网络、媒体宣传提倡公众保护环境，传播绿色消费理念，增强公民的环保意识，倡导减少或拒绝使用污染产品。同时，还应不断完善信息公示制度，拓宽社会公众表达环保意愿的平台，完善公众参与机制，提高公众环境参与权、表达权。

7.4.2 提高公众环保意识，使其积极承担环保责任

物质决定意识，意识也反作用于物质。要想从根源上改变破坏资源及污染环境的状况，还需从改变人们的思想观念做起。"保护环境，人人有责"。公民的环保意识对环境保护具有重要意义，但要真正落到实处绝非易事。怎样有效增强公众的环保意识？一方面，可以通过网络及各种媒体开展宣传活动，如在线问答、公益广告等，加大宣传力度，并充分发挥一些比较有影响力的社会公众人物的模范带头作用，为环保代言，提高人民群众对生态建设和环保工作的关注度，加强环境保护宣传教育；另一方面，寓教于乐，政府相关部门可以组织一些比较专业的培训，或开展形式丰富多彩的活动，调动公众参与的积极性，如举办关于环保知识的有奖竞赛、以环保为主题的表演等娱乐活动，将环境保护渗透到生产、生活的各个层面，增强公众的环境忧患意识、参与意识和责任意识，提高公众环境保护的参与度。公众只有增强环保意识，才不会对环保事业持"事不关己，高高挂起"的无所谓态度，才能逐步发挥主人翁的作用，主动参与到对环保机构执法情况、污染企业排污治污现状及其他各项环保工作的监督管理中。同时，政府部

门要建立和完善公众参与环境监督的制度，赋予公众更多的权力，建立相关渠道，方便公众向环保部门等提出意见或建议，以及监督和检举环境违规企业，不断提高社会公众在环保活动中的参与程度。

政府部门要提高非正式环境规制的强度，加强与正式环境规制政策的配合。非正式环境规制是对正式环境规制的有益补充，对约束企业污染行为具有重要意义。社会舆论作为治理污染的新生力量，发挥着越来越大的作用。在过去很长一段时间内，由于环保教育缺失，公众的环境保护意识比较淡薄。公众的环保意识是非正式环境规制的基础。公众要提高环境保护意识，将环保理念渗透到日常生活中，使保护环境成为一种自觉行为，积极参与环保公益活动，向有关部门举报企业的违法排污行为。政府应加大环境保护宣传力度，提高公众环保意识和绿色消费意识，鼓励公众购买环保型产品。还要联合教育部门，培养青少年的环保意识、环保态度和环保行为。在提高人们的环保意识的同时，还应积极促进消费者和投资者导向的环境规制创新。例如，对高污染、高环境风险产品征收产品税；对环境友好型产品给予补贴，间接降低其价格；积极推行绿色信贷制度，抑制对高污染、高能耗产业的投资等。

7.4.3 创新公众参与机制，提高公众参与能力

社会公众作为国家的重要主体，是环境保护的重要力量。机制建设是长期性、根本性问题，污染治理公众参与机制的建立有一个逐渐完备、不断向纵深发展的过程。当前，在公众环保意识逐渐提高的同时，还应积极创新公众参与机制，提高公众参与能力。

建立健全环境保护公众参与机制，是保障公民的知情权、表达权和监督权的基础，有利于推动公众依法有序参与环境保护，提升公民的主人翁意识和责权观念，有利于维护环境保护方面政府政策的有效性与长期性。

我国人口数量众多，网络的利用可以大大降低公众参与环境治理的成本，推动我国环境治理模式的转变，促使公众参与由可能变为现实，推动构建有效的公众参与机制，服务于环境综合治理，增强我国可持续发展能力，促进生态优势转变为长期的经济优势。同时，通过加大环境信息的公开力度，让环境污染信息更加公开、透明，使社会公众的监督作用得到最大限度的发挥。

参考文献

[1] SIEBERT H. Handbook of natural resource and energy economics [M]. Amsterdam: Elsevier, 1985 (1): 125-164.

[2] HOEL M. Environmental policy with endogenous plant locations [J]. Scandinavian Journal of Economics, 1997, 99 (2): 241-259.

[3] HOSSEIN H M, KANEKO S. Can environmental quality spread through institutions? [J]. Energy Policy, 2013 (56): 312-321.

[4] MISHRA S, KUSHWAHA A, AGGRAWAL D, et al. Comparative emission study by real-time congestion monitoring for stable pollution policy on temporal and meso-spatial regions in Delhi [J]. Journal of Cleaner Production, 2019 (224): 465-478.

[5] PANG R, ZHENG D, SHI M, et al. Pollute first, control later? Exploring the economic threshold of effective environmental regulation in China's context [J]. Journal of Environmental Management, 2019 (248): 109275.

[6] BHERWANI H, NAIR M, MUSUGU K, et al. Valuation of air pollution externalities: comparative assessment of economic damage and emission reduction under COVID-19 lockdown [J]. Air Quality, Atmosphere & Health, 2020, 13 (6): 683-694.

[7] DE FRUTOS J, MARTIN HERRAN G. Spatial vs. non-spatial transboundary pollution control in a class of cooperative and non-cooperative dynamic games [J]. European Journal of Operational Research, 2019, 276 (1): 379-394.

[8] POTTER A, WATTS H D. Evolutionary agglomeration theory: increasing returns, diminishing returns, and the industry life cycle [J]. Journal of Economic Geography, 2011, 11 (3): 417-455.

[9] WAGNER U J, TIMMINS C D. Agglomeration effects in foreign direct investment and the pollution haven hypothesis [J]. Environmental and Resource Economics, 2009, 43 (2): 231-256.

[10] MILLIMET D L, ROY J. Empirical tests of the pollution haven hypothesis when environmental regulation is endogenous [J]. Journal of Applied Econometrics, 2016, 31 (4): 652-677.

[11] DAM L, SCHOLTENS B. The curse of the haven: the impact of multinational enterprise on environmental regulation [J]. Ecological Economics, 2012 (78): 148-156.

[12] WENG Y, HSU K C, LIU B J. Increasing worldwide environmental consciousness and environmental policy adjustment [J]. The Quarterly Review of Economics and Finance, 2019 (71): 205-210.

[13] SIMMONS G. Clearing the air? Information disclosure, systems of power, and the National Pollution Release Inventory [J]. McGill Law Journal/Revue de Droit de McGill, 2013, 59 (1): 9-48.

[14] TAYLOR C M, GALLAGHER E A, POLLARD S J T, et al. Environmental regulation in transition: policy officials' views of regulatory instruments and their mapping to environmental risks [J]. Science of the Total Environment, 2019 (646): 811-820.

[15] LAPERCHE B, UZUNIDIS D. Eco-innovation, knowledge capital and the evolution of the firm [J]. IUP Journal of Knowledge Management, 2012, 10 (3): 14-34.

[16] BARRETT S. Strategic environmental policy and international trade [M]. International Trade and the Environment. London: Routledge, 2017: 93-106.

[17] FUKUYAMA H, WEBER W L. A directional slacks-based measure of technical inefficiency [J]. Socio-Economic Planning Sciences, 2009, 43 (4): 274-287.

[18] WAGNER M. On the relationship between environmental management, environmental innovation and patenting: evidence from German manufacturing firms [J]. Research Policy, 2007, 36 (10): 1587-1602.

[19] BRUNNERMEIER S B, COHEN M A. Determinants of environmental innovation in US manufacturing industries [J]. Journal of Environmental Economics and Management, 2003, 45 (2): 278-293.

[20] MICKWITZ P, HYVATTINEN H, KIVIMAA P. The role of policy instruments in the innovation and diffusion of environmentally friendlier technologies: popular claims versus case study experiences [J]. Journal of Cleaner Production, 2008, 16 (1): 162-170.

[21] RUBASHKINA Y, GALEOTTI M, VERDOLINI E. Environmental regulation and competitiveness: empirical evidence on the Porter Hypothesis from European manufacturing sectors [J]. Energy Policy, 2015 (83): 288-300.

[22] DINCER O C, FREDRIKSSON P G. Corruption and environmental regulatory policy in the

United States: does trust matter? [J]. Resource and Energy Economics, 2018 (54): 212-225.

[23] COSTINOT A. On the origins of comparative advantage [J]. Journal of International Economics, 2009, 77 (2): 255-264.

[24] AMBEC S, COHEN M A, ELGIE S, et al. The Porter Hypothesis at 20: can environmental regulation enhance innovation and competitiveness? [J]. Review of Environmental Economics and Policy, 2020, 7 (1): 2-22.

[25] CONRAD K, WASTL D. The impact of environmental regulation on productivity in German industries [J]. Empirical Economics, 1995, 20 (4): 615-633.

[26] JORGENSON D W, WILCOXEN P J. Environmental regulation and US economic growth [J]. The Rand Journal of Economics, 1990, 21 (2): 314-340.

[27] BECKER R A. Local environmental regulation and plant-level productivity [J]. Ecological Economics, 2011, 70 (12): 2516-2522.

[28] BROBERG T, MARKLUNDP O, SAMAKOVLIS E, et al. Testing the Porter Hypothesis: the effects of environmental investments on efficiency in Swedish industry [J]. Journal of Productivity Analysis, 2013, 40 (1): 43-56.

[29] DASGUPTA P, HAMMOND P, MASKIN E. On imperfect information and optimal pollution control [J]. The Review of Economic Studies, 1980, 47 (5): 857-860.

[30] BAUMOL W J. What Marshall didn't know: on the twentieth century's contributions to economics [J]. The Quarterly Journal of Economics, 2000, 115 (1): 1-44.

[31] ZHENG T, ZHAO Y, LI J. Rising labour cost, environmental regulation and manufacturing restructuring of Chinese cities [J]. Journal of Cleaner Production, 2019 (214): 583-592.

[32] HAO Y U, DENG Y, LU Z N, et al. Is environmental regulation effective in China? Evidence from city-level panel data [J]. Journal of Cleaner Production, 2018 (188): 966-976.

[33] YE G, ZHAO J. Environmental regulation in a mixed economy [J]. Environmental and Resource Economics, 2016, 65 (1): 273-295.

[34] ARMEANU D, VINTILAINTILA G, ANDREI J V, et al. Exploring the link between environmental pollution and economic growth in EU-28 countries: is there an environmental Kuznets curve? [J]. PLoS one, 2018, 13 (5): e0195708.

[35] CAINELLI G, MAZZANTI M, ZOBOLI R. Environmental performance, manufacturing sectors and firm growth: structural factors and dynamic relationships [J]. Environmental Economics and Policy Studies, 2013, 15 (4): 367-387.

[36] LANOIE P, LAURENT-LUCCHETTI J, JIHNSTONE N, et al. Environmental policy, innovation and performance: new insights on the Porter Hypothesis [J]. Journal of Economics & Management Strategy, 2011, 20 (3): 803-842.

[37] REXHAUSER S, RAMMER C. Environmental innovations and firm profitability: unmasking the Porter Hypothesis [J]. Environmental and Resource Economics, 2014, 57 (1): 145-167.

[38] ACEMOGLU D, AGHION P, BURSZTYN L, et al. The environment and directed technical change [J]. American Economic Review, 2012, 102 (1): 131-166.

[39] LAMBERTINIL, PIGNATARO G, TAMPIERI A. Competition among coalitions in a Cournot industry: a validation of the Porter Hypothesis [J]. The Japanese Economic Review, 2020: 1-35.

[40] FERES J, REYNAUD A. Assessing the impact of formal and informal regulations on environmental and economic performance of Brazilian manufacturing firms [J]. Environmental and Resource Economics, 2012, 52 (1): 65-85.

[41] GOLDAR B, GOLDAR A. Water quality in Indian rivers: influence of economic development, informal regulation, and income inequality [M] //Ecology, Economy and Society. Singapore: Springer, 2018: 137-163.

[42] LI X, YANG X, WEI Q, et al. Authoritarian environmentalism and environmental policy implementation in China [J]. Resources, Conservation and Recycling, 2019 (145): 86-93.

[43] LOPEZ R E, YOON S W. Sustainable economic growth: structural transformation with consumption flexibility [R]. 2013: 1-13.

[44] VOB A, LINGENS J. What's the damage? Environmental regulation with policy-motivated bureaucrats [J]. Journal of Public Economic Theory, 2018, 20 (4): 613-633.

[45] YUAN B, XIANG Q. Environmental regulation, industrial innovation and green development of Chinese manufacturing: based on an extended CDM model [J]. Journal of Cleaner Production, 2018 (176): 895-908.

[46] CHAKRABORTY P, CHATTERJEE C. Does environmental regulation indirectly induce upstream innovation? New evidence from India [J]. Research Policy, 2017, 46 (5): 939-955.

[47] MANELLO A. Productivity growth, environmental regulation and win-win opportunities: the case of chemical industry in Italy and Germany [J]. European Journal of Operational Research, 2017, 262 (2): 733-743.

[48] RAMANNTHANR, HE Q, BLACK A, et al. Environmental regulations, innovation and

firm performance: a revisit of the Porter Hypothesis [J]. Journal of Cleaner Production, 2017 (155): 79-92.

[49] BELOVA A, GRAY W B, LINN J, et al. Environmental regulation and industry employment: a reassessment [R]. US Census Bureau Center for Economic Studies Paper No. CES-WP-13-36, 2013.

[50] HERING L, PONCET S. Environmental policy and exports: evidence from Chinese cities [J]. Journal of Environmental Economics and Management, 2014, 68 (2): 296-318.

[51] HOLDEN S. Avoiding the resource curse the case Norway [J]. Energy Policy, 2013 (63): 870-876.

[52] BIRESSELIOGLU M E, DEMIR M H, GONCA A, et al. How vulnerable are countries to resource curse? A multidimensional assessment [J]. Energy Research & Social Science, 2019 (47): 93-101.

[53] ZHENG D, SHI M. Multiple environmental policies and pollution haven hypothesis: evidence from China's polluting industries [J]. Journal of Cleaner Production, 2017 (141): 295-304.

[54] ZHOU Y, HE C, LIU Y. An empirical study on the geographical distribution of pollution-intensive industries in China [J]. J. Nat. Resour, 2015 (30): 1183-1196.

[55] CHENG Z, LI L, LIU J. The emissions reduction effect and technical progress effect of environmental regulation policy tools [J]. Journal of Cleaner Production, 2017 (149): 191-205.

[56] WILLIAMS E. Environmental effects of information and communications technologies [J]. Nature, 2011, 479 (7373): 354-358.

[57] CECERE G, CORROCHER N, GOSSART C, et al. Technological pervasiveness and variety of innovators in green ICT: a patent-based analysis [J]. Research Policy, 2014, 43 (10): 1827-1839.

[58] NUNN N, QIAN N. The potato's contribution to population and urbanization: evidence from a historical experiment [J]. The Quarterly Journal of Economics, 2011, 126 (2): 593-650.

[59] AMBEC S, COHEN M A, ELGIE S, et al. The Porter Hypothesis at 20: can environmental regulation enhance innovation and competitiveness? [J]. Review of Environmental Economics and Policy, 2020, 7 (1): 2-22.

[60] WANG Q. Fixed-effect panel threshold model using Stata [J]. The Stata Journal, 2015, 15 (1): 121-134.

[61] YANG J，GUO H，LIU B，et al. Environmental regulation and the pollution haven hypothesis：do environmental regulation measures matter? [J]. Journal of Cleaner Production，2018（202）：993-1000.

[62] 曾文慧. 流域越界污染规制：对中国跨省水污染的实证研究 [J]. 经济学，2008（2）：447-464.

[63] 贺灿飞，朱彦刚. 中国资源密集型产业地理分布研究——以石油加工业和黑色金属产业为例 [J]. 自然资源学报，2010，25（3）：488-501.

[64] 龚健健，沈可挺. 中国高耗能产业及其环境污染的区域分布——基于省际动态面板数据的分析 [J]. 数量经济技术经济研究，2011，28（2）：20-36，51.

[65] 沈静，向澄，柳意云. 广东省污染密集型产业转移机制——基于 2000—2009 年面板数据模型的实证 [J]. 地理研究，2012，31（2）：357-368.

[66] 詹先志. 新经济地理学视角下环境污染对制造业空间集聚的影响 [D]. 南昌：江西财经大学，2018.

[67] 姚希晨. 产业空间分布特征对空气质量的影响 [D]. 广州：广东外语外贸大学，2018.

[68] 邹辉，段学军，赵海霞，等. 长三角地区污染密集型产业空间演变及其对污染排放格局的影响 [J]. 中国科学院大学学报，2016，33（5）：703-710.

[69] 崔木花，殷李松. 长江经济带污染排放对产业发展影响的空间效应分析 [J]. 统计与信息论坛，2015，30（6）：45-52.

[70] 王宁宁，赵宇，陈锐. 基于辐射模型的城市信息空间关联复杂网络研究 [J]. 经济地理，2015，35（4）：76-83.

[71] 何雄浪. 地理空间技术溢出、环境污染与多重经济地理均衡 [J]. 西南民族大学学报（人文社会科学版），2015，36（1）：125-135.

[72] 贺灿飞，周沂，张腾. 中国产业转移及其环境效应研究 [J]. 城市与环境研究，2014，1（1）：34-49.

[73] 马丽梅，张晓. 区域大气污染空间效应及产业结构影响 [J]. 中国人口·资源与环境，2014，24（7）：157-164.

[74] 张静，蒋洪强，程曦，等. "后小康"时期我国排污许可制改革实施路线图研究 [J]. 中国环境管理，2018，10（4）：42-46.

[75] 金祥荣，谭立力. 环境政策差异与区域产业转移——一个新经济地理学视角的理论分析 [J]. 浙江大学学报（人文社会科学版），2012，42（5）：51-60.

[76] 钟茂初，李梦洁，杜威剑. 环境规制能否倒逼产业结构调整——基于中国省际面板数据的实证检验 [J]. 中国人口·资源与环境，2015，25（8）：107-115.

[77] 张平，张鹏鹏. 环境规制对产业区际转移的影响——基于污染密集型产业的研究 [J]. 财

经论丛，2016（5）：96-104.

[78] 赵细康，王彦斐. 环境规制影响污染密集型产业的空间转移吗？——基于广东的阶段性观察 [J]. 广东社会科学，2016（5）：17-32.

[79] 金刚，沈坤荣. 以邻为壑还是以邻为伴？——环境规制执行互动与城市生产率增长 [J]. 管理世界，2018，34（12）：43-55.

[80] 刘满凤，李昕耀. 产业转移对地方环境规制影响的理论模型和经验验证——基于我国产业转移的实证检验 [J]. 管理评论，2018，30（8）：32-42.

[81] 童健，刘伟，薛景. 环境规制、要素投入结构与工业行业转型升级 [J]. 经济研究，2016，51（7）：43-57.

[82] 苏睿先. 环境规制、环境要素禀赋与污染产业转移 [D]. 天津：天津财经大学，2016.

[83] 宋德勇，赵菲菲. 环境规制的产业转移效应分析——基于资源禀赋转换的视角 [J]. 财经论丛，2019（3）：104-112.

[84] 刘金林. 环境规制、生产技术进步与区域产业集聚 [D]. 重庆：重庆大学，2015.

[85] 周浩，郑越. 环境规制对产业转移的影响——来自新建制造业企业选址的证据 [J]. 南方经济，2015（4）：12-26.

[86] 汤维祺，吴力波，钱浩祺. 从"污染天堂"到绿色增长——区域间高耗能产业转移的调控机制研究 [J]. 经济研究，2016，51（6）：58-70.

[87] 张彩云，郭艳青. 污染产业转移能够实现经济和环境双赢吗？——基于环境规制视角的研究 [J]. 财经研究，2015，41（10）：96-108.

[88] 孔令丞，张晶. 推动产业转型升级的环境规制强度区间界定：省际面板数据实证 [J]. 管理现代化，2017，37（1）：15-17.

[89] 宋爽，樊秀峰. 双边环境规制对中国污染产业区际转移的影响 [J]. 经济经纬，2017，34（2）：99-104.

[90] 王奇，刘巧玲，李鹏. 我国污染密集型产业的显性转移与隐性转移研究 [J]. 北京大学学报（自然科学版），2017，53（1）：91-100.

[91] 金春雨，王伟强. "污染避难所假说"在中国真的成立吗——基于空间 VAR 模型的实证检验 [J]. 国际贸易问题，2016（8）：108-118.

[92] 孙学敏，王杰. 环境规制对中国企业规模分布的影响 [J]. 中国工业经济，2014（12）：44-56.

[93] 侯伟丽，方浪，刘硕. "污染避难所"在中国是否存在？——环境管制与污染密集型产业区际转移的实证研究 [J]. 经济评论，2013（4）：65-72.

[94] 刘巧玲，王奇，刘勇. 经济增长、国际贸易与污染排放的关系研究——基于美国和中国 SO_2 排放的实证分析 [J]. 中国人口·资源与环境，2012，22（5）：170-176.

[95] 曹翔，傅京燕. 污染产业转移能够兼顾经济增长和环境保护吗？——来自广东省的经验证据 [J]. 广东社会科学，2016（5）：33-42.

[96] 郑易生. 环境保护与可持续发展 [J]. 北京城市学院学报（城市科学论集），2006（S1）：18-20，17.

[97] 王礼茂. 我国纺织工业东、西部合作与产业转移 [J]. 经济地理，2000（6）：25-29.

[98] 吴伟平. 环境规制作用下污染产业空间演变研究 [D]. 湘潭：湖南科技大学，2014.

[99] 宋爽. 环境规制的空间外溢与中国污染产业投资区位转移 [J]. 西部论坛，2019，29（2）：113-124.

[100] 肖汉雄. 不同公众参与模式对环境规制强度的影响——基于空间杜宾模型的实证研究 [J]. 财经论丛，2019（1）：100-109.

[101] 张爱华. 环境规制对经济增长影响的区域差异研究 [D]. 兰州：兰州大学，2017.

[102] 竺乾威. 服务型政府：从职能回归本质 [J]. 行政论坛，2019，26（5）：96-101.

[103] 刘艳丽. 我国环境规制的经济学分析 [D]. 石家庄：河北经贸大学，2017.

[104] 宋爽. 不同环境规制工具影响污染产业投资的区域差异研究——基于省级工业面板数据对我国四大区域的实证分析 [J]. 西部论坛，2017，27（2）：90-99.

[105] 陈雯，肖斌. 基于可交易排污许可证的中小企业环境规制工具分析 [J]. 南方经济，2011（10）：58-68.

[106] 姚林如，王笑. 不同环境规制工具的选择对社会福利的影响 [J]. 南昌航空大学学报（社会科学版），2016，18（4）：48-52，81.

[107] 臧传琴. 环境规制绩效的区域差异研究 [D]. 济南：山东大学，2016.

[108] 潘峰，王琳，西宝. 进化博弈视角下的政府间环境规制执行策略研究 [J]. 软科学，2015，29（12）：49-55.

[109] 王宇澄. 我国城镇居民能源消费增长影响因素研究 [J]. 城市发展研究，2015，22（8）：10-14.

[110] 齐园，张永安. 北京三次产业演变与 $PM_{2.5}$ 排放的动态关系研究 [J]. 中国人口·资源与环境，2015，25（7）：15-23.

[111] 王延杰. 京津冀治理大气污染的财政金融政策协同配合 [J]. 经济与管理，2015，29（1）：13-18.

[112] 李毅，姚建，杜鹏生，等. 我国排污权交易政策及完善对策研究 [J]. 四川环境，2014，33（5）：131-134.

[113] 安彦林. 防治大气污染的财税政策选择 [J]. 税务研究，2014（9）：79-80.

[114] 赵霄伟. 环境规制、环境规制竞争与地区工业经济增长——基于空间 Durbin 面板模型的实证研究 [J]. 国际贸易问题，2014（7）：82-92.

[115] 李胜兰，申晨，林沛娜. 环境规制与地区经济增长效应分析——基于中国省际面板数据的实证检验 [J]. 财经论丛，2014 (6)：88-96.

[116] 于文超，何勤英. 政治联系、环境政策实施与企业生产效率 [J]. 中南财经政法大学学报，2014 (2)：143-149.

[117] 朱平芳，张征宇. FDI竞争下的地方政府环境规制"逐底竞赛"存在吗？——来自中国地级城市的空间计量实证 [J]. 数量经济研究，2010，1 (1)：79-92.

[118] 冯阔，林发勤，陈珊珊. 我国城市雾霾污染、工业企业偷排与政府污染治理 [J]. 经济科学，2019 (5)：56-68.

[119] 郭玲玲，卢小丽，武春友，等. 中国绿色增长评价指标体系构建研究 [J]. 科研管理，2016，37 (6)：141-150.

[120] 刘贝贝，周力. 环境规制对我国污染密集型产业省际贸易的影响 [J]. 经济研究参考，2018 (25)：36-45.

[121] 肖红艳. SO₂排污权交易试点制度实施对企业市场势力的影响分析 [D]. 天津：天津财经大学，2017.

[122] 蒋为. 环境规制是否影响了中国制造业企业研发创新？——基于微观数据的实证研究 [J]. 财经研究，2015，41 (2)：76-87.

[123] 陶长琪，周璇. 环境规制、要素集聚与全要素生产率的门槛效应研究 [J]. 当代财经，2015 (1)：10-22.

[124] 贺俊，范小敏. 资源诅咒、产业结构与经济增长——基于省际面板数据的分析 [J]. 中南大学学报（社会科学版），2014，20 (1)：34-40.

[125] 许海萍. 基于环境因素的全要素生产率和国民收入核算研究 [D]. 杭州：浙江大学，2008.

[126] 彭水军，包群. 资源约束条件下长期经济增长的动力机制——基于内生增长理论模型的研究 [J]. 财经研究，2006 (6)：110-119.

[127] 王幸福. 环境规制与煤炭产业生态效率的动态关系研究 [J]. 煤炭技术，2018，37 (10)：377-380.

[128] 徐茉，陶长琪. 最优化视角下环境规制对技术创新的影响效应研究——基于中国制造业29个行业面板数据的实证分析 [J]. 江西师范大学学报（自然科学版），2016，40 (5)：525-530.

[129] 祁毓，卢洪友，张宁川. 环境规制能实现"降污"和"增效"的双赢吗——来自环保重点城市"达标"与"非达标"准实验的证据 [J]. 财贸经济，2016 (9)：126-143.

[130] 刘和旺，郑世林，左文婷. 环境规制对企业全要素生产率的影响机制研究 [J]. 科研管理，2016，37 (5)：33-41.

[131] 郭妍，张立光. 环境规制对全要素生产率的直接与间接效应 [J]. 管理学报，2015，12
　　　　（6）：903-910.

[132] 谢凡. 环境规制下污染密集型产业的熊彼特利润测算 [J]. 中国科技论坛，2015（3）：
　　　　60-66.

[133] 王杰，刘斌. 环境规制与企业全要素生产率——基于中国工业企业数据的经验分析 [J].
　　　　中国工业经济，2014（3）：44-56.

[134] 贺俊，范小敏. 资源诅咒、产业结构与经济增长——基于省际面板数据的分析 [J]. 中
　　　　南大学学报（社会科学版），2014，20（1）：34-40.

[135] 黄茂兴，林寿富. 污染损害、环境管理与经济可持续增长——基于五部门内生经济增长
　　　　模型的分析 [J]. 经济研究，2013，48（12）：30-41.

[136] 蒋伏心，王竹君，白俊红. 环境规制对技术创新影响的双重效应——基于江苏制造业动
　　　　态面板数据的实证研究 [J]. 中国工业经济，2013（7）：44-55.

[137] 李斌，彭星，欧阳铭珂. 环境规制、绿色全要素生产率与中国工业发展方式转变——基
　　　　于 36 个工业行业数据的实证研究 [J]. 中国工业经济，2013（4）：56-68.

[138] 李玉楠，李廷. 环境规制、要素禀赋与出口贸易的动态关系——基于我国污染密集产业
　　　　的动态面板数据 [J]. 国际经贸探索，2012（1）：34-42.

[139] 王青，赵景兰，包艳龙. 产业结构与环境污染关系的实证分析 [J]. 吉首大学学报（社
　　　　会科学版），2011，32（6）：92-97.

[140] 叶祥松，彭良燕. 我国环境规制下的规制效率与全要素生产率研究：1999—2008 [J].
　　　　财贸经济，2011（2）：102-109，137.

[141] 王爱兰. 论政府环境规制与企业竞争力的提升——基于"波特假设"理论验证的影响因
　　　　素分析 [J]. 天津大学学报（社会科学版），2008，10（5）：389-392.

[142] 徐志伟，李阳. 环境规制与企业产能利用率——基于纵向产业链视角的研究 [J]. 政府
　　　　管制评论，2018（2）：21-48.

[143] 赵莉，薛钥，胡逸群. 环境规制强度与技术创新——来自污染密集型制造业的实证 [J].
　　　　科技进步与对策，2019，36（10）：59-65.

[144] 李百兴，王博. 新环保法实施增大了企业的技术创新投入吗？——基于 PSM-DID 方法的
　　　　研究 [J]. 审计与经济研究，2019，34（1）：87-96.

[145] 李玲，夏晓华. 污染密集型产业绿色创新效率及影响因素研究 [J]. 中国特色社会主义
　　　　研究，2018（1）：83-88.

[146] 龙小宁，万威. 环境规制、企业利润率与合规成本规模异质性 [J]. 中国工业经济，
　　　　2017（6）：155-174.

[147] 张峰，宋晓娜. 提高环境规制能促进高端制造业"绿色蜕变"吗——来自绿色全要素生

产率的证据解释 [J]. 科技进步与对策, 2019, 36 (21): 53-61.

[148] 宋瑛, 张海涛, 廖霭. 环境规制抑制了技术创新吗? ——基于中国装备制造业的异质性检验 [J]. 西部论坛, 2019, 29 (5): 114-124.

[149] 王淑英, 李博博, 张水娟. 基于空间计量的环境规制、空间溢出与绿色创新研究 [J]. 地域研究与开发, 2018, 37 (2): 138-144.

[150] 曾冰. 我国省际绿色创新效率的影响因素及空间溢出效应 [J]. 当代经济管理, 2018, 40 (12): 59-63.

[151] 冯志军, 杨朝均, 康鑫. 绿色创新与工业企业绿色增长——基于广东的实证研究 [J]. 科技管理研究, 2017, 37 (20): 230-235.

[152] 何兴邦. 环境规制、政治关联和企业研发投入——基于民营上市企业的实证研究 [J]. 软科学, 2017, 31 (10): 43-46, 51.

[153] 刘传江, 赵晓梦. 强 "波特假说" 存在产业异质性吗? ——基于产业碳密集程度细分的视角 [J]. 中国人口・资源与环境, 2017, 27 (6): 1-9.

[154] 余伟, 陈强, 陈华. 环境规制、技术创新与经营绩效——基于 37 个工业行业的实证分析 [J]. 科研管理, 2017, 38 (2): 18-25.

[155] 刘传江, 胡威, 吴晗晗. 环境规制、经济增长与地区碳生产率——基于中国省级数据的实证考察 [J]. 财经问题研究, 2015 (10): 31-37.

[156] 王正明, 赵晶, 王为东. 环境规制对产业结构调整影响的路径与机制研究 [J]. 生态经济, 2018, 34 (11): 109-115.

[157] 原毅军, 谢荣辉. 环境规制与工业绿色生产率增长——对 "强波特假说" 的再检验 [J]. 中国软科学, 2016 (7): 144-154.

[158] 周灵. 环境规制约束下的经济增长方式转变研究——基于 "新常态" 视角 [J]. 改革与战略, 2015, 31 (10): 9-13, 17.

[159] 杨喆, 许清清, 徐保昌. 环境规制强度与工业结构绿色转型——来自山东省工业企业的经验证据 [J]. 山东大学学报 (哲学社会科学版), 2018 (6): 112-120.

[160] 申晨, 李胜兰, 黄亮雄. 异质性环境规制对中国工业绿色转型的影响机理研究——基于中介效应的实证分析 [J]. 南开经济研究, 2018 (5): 95-114.

[161] 张峰, 薛惠锋, 史志伟. 资源禀赋、环境规制会促进制造业绿色发展? [J]. 科学决策, 2018 (5): 60-78.

[162] 侯建, 陈恒. 中国高专利密集度制造技术创新绿色转型绩效及驱动因素研究 [J]. 管理评论, 2018, 30 (4): 59-69.

[163] 齐亚伟. 节能减排、环境规制与中国工业绿色转型 [J]. 江西社会科学, 2018, 38 (3): 70-79.

[164] 阮陆宁，曾畅，熊玉莹. 环境规制能否有效促进产业结构升级？——基于长江经济带的 GMM 分析 [J]. 江西社会科学，2017，37（5）：104-111.

[165] 盛丹，张慧玲. 环境管制与我国的出口产品质量升级——基于两控区政策的考察 [J]. 财贸经济，2017，38（8）：80-97.

[166] 李斌，詹凯云，胡志高. 环境规制与就业真的能实现"双重红利"吗？——基于我国 "两控区"政策的实证研究 [J]. 产业经济研究，2019（1）：113-126.

[167] 马宇，程道金. "资源福音"还是"资源诅咒"——基于门槛面板模型的实证研究 [J]. 财贸研究，2017，28（1）：13-25.

[168] 丁从明，马鹏飞，廖舒娅. 资源诅咒及其微观机理的计量检验——基于 CFPS 数据的证据 [J]. 中国人口·资源与环境，2018，28（8）：138-147.

[169] 刘奕，夏杰长，李垚. 生产性服务业集聚与制造业升级 [J]. 中国工业经济，2017，（7）：24-42.

[170] 薛雅伟，张剑. 基于双标分类与要素演化的油气资源城市"资源诅咒"情景模拟 [J]. 中国人口·资源与环境，2019，29（9）：11-21.

[171] 赵洋. 我国资源型城市产业绿色转型效率研究——基于地级资源型城市面板数据实证分析 [J]. 经济问题探索，2019（7）：94-101.

[172] 郭金. 资源型经济转型与煤炭产业提升研究 [J]. 经济问题，2020（6）：118-123.

[173] 李标，吴贾，陈姝兴. 城镇化、工业化、信息化与中国的能源强度 [J]. 中国人口·资源与环境，2015，25（8）：69-76.

[174] 李永友，沈坤荣. 我国污染控制政策的减排效果：基于省际工业污染数据的实证分析 [J]. 管理世界，2008（6）：7-17.

[175] 胡志强，苗健铭，苗长虹. 中国地市工业集聚与污染排放的空间特征及计量检验 [J]. 地理科学，2018，38（2）：168-176.

[176] 申伟宁，柴泽阳，张舒. 产业协同集聚的工业污染减排效应研究——基于长三角城市群的实证分析 [J]. 华东经济管理，2020，34（8）：84-94.

[177] 白雪洁，汪海凤，闫文凯. 资源衰退、科教支持与城市转型——基于坏产出动态 SBM 模型的资源型城市转型效率研究 [J]. 中国工业经济，2014（11）：30-43.

[178] 仇方道，袁荷，朱传耿，等. 再生性资源型城市工业转型效应及影响因素 [J]. 经济地理，2018，38（11）：68-77.

[179] 韩超，陈震，王震. 节能目标约束下企业污染减排效应的机制研究 [J]. 中国工业经济，2020（10）：43-61.

[180] 李毅，胡宗义，刘亦文，等. 碳强度约束政策对中国城市空气质量的影响 [J]. 经济地理，2019，39（8）：21-28.

[181] 包群，邵敏，杨大利. 环境管制抑制了污染排放吗？[J]. 经济研究，2013，48（12）：42-54.

[182] 韩超，孙晓琳，李静. 环境规制垂直管理改革的减排效应——来自地级市环保系统改革的证据 [J]. 经济学，2021，21（1）：335-360.

[183] 纪祥裕，顾乃华. 国家高新区改善了资源型城市的环境质量吗？[J]. 现代经济探讨，2019（11）：38-49.

[184] 周宏浩，谷国锋. 资源型城市可持续发展政策的污染减排效应评估——基于 PSM-DID 自然实验的证据 [J]. 干旱区资源与环境，2020，34（10）：50-57.

[185] 温忠麟，叶宝娟. 中介效应分析：方法和模型发展 [J]. 心理科学进展，2014，22（5）：731-745.

[186] 石大千，丁海，卫平，等. 智慧城市建设能否降低环境污染 [J]. 中国工业经济，2018（6）：117-135.

[187] 乔彬，张蕊，雷春. 高铁效应、生产性服务业集聚与制造业升级 [J]. 经济评论，2019（6）：80-96.

[188] 王建秀，刘星茹，尹宁. 社会公众监督与企业绿色环境绩效的关系研究 [J]. 经济问题，2020（8）：70-77.

[189] 陈锦怀，周孝. 溢出效应、城市规模与动态产业集聚 [J]. 山西财经大学学报，2019，41（1）：57-69.

[190] 国家制造强国建设战略咨询委员会. 中国制造2025蓝皮书 [M]. 北京：电子工业出版社，2017.

[191] 李拓晨，丁莹莹. 环境规制对我国高新技术产业绩效影响研究 [J]. 科技进步与对策，2013，30（1）：69-73.

[192] 黄庆华，胡江峰，陈习定. 环境规制与绿色全要素生产率：两难还是双赢？[J]. 中国人口·资源与环境，2018，28（11）：140-149.

[193] 余东华，孙婷. 环境规制、技能溢价与制造业国际竞争力 [J]. 中国工业经济，2017（5）：35-53.

[194] 成艾华，赵凡. 基于偏离份额分析的中国区域间产业转移与污染转移的定量测度 [J]. 中国人口·资源与环境，2018，28（5）：49-57.

[195] 彭文斌，吴伟平，邝嫦娥. 环境规制对污染产业空间演变的影响研究——基于空间面板杜宾模型 [J]. 世界经济文汇，2014（6）：99-110.

[196] 田光辉，苗长虹，胡志强，等. 环境规制、地方保护与中国污染密集型产业布局 [J]. 地理学报，2018，73（10）：1954-1969.

[197] 温忠麟，叶宝娟. 中介效应分析：方法和模型发展 [J]. 心理科学进展，2014，22（5）：

731-745.

[198] 唐红祥. 西部地区交通基础设施对制造业集聚影响的 EG 指数分析 [J]. 管理世界，
2018, 34 (8)：178-179.

[199] 冯榆霞. 中国省域环境规制与全要素生产率的实证分析 [J]. 生态经济，2013 (5)：
66-70.

[200] 张华. 地区间环境规制的策略互动研究——对环境规制非完全执行普遍性的解释 [J].
中国工业经济，2016 (7)：74-90.

[201] 韩超，张伟广，单双. 规制治理、公众诉求与环境污染——基于地区间环境治理策略互
动的经验分析 [J]. 财贸经济，2016 (9)：144-161.

[202] 沈可挺，龚健健. 环境污染、技术进步与中国高耗能产业——基于环境全要素生产率的
实证分析 [J]. 中国工业经济，2011 (12)：25-34.

[203] 徐晓红，汪侠. 中国绿色全要素生产率及其区域差异——基于 30 个省面板数据的实证分
析 [J]. 贵州财经大学学报，2016 (6)：91-98.

[204] 刘华军，李超. 中国绿色全要素生产率的地区差距及其结构分解 [J]. 上海经济研究，
2018 (6)：35-47.

[205] 董直庆，焦翠红，王芳玲. 环境规制陷阱与技术进步方向转变效应检验 [J]. 上海财经
大学学报，2015, 17 (3)：68-78.

[206] 龙小宁，万威. 环境规制、企业利润率与合规成本规模异质性 [J]. 中国工业经济，
2017 (6)：155-174.

[207] 谢荣辉. 环境规制、引致创新与中国工业绿色生产率提升 [J]. 产业经济研究，2017
(2)：38-48.

[208] 林毅夫. 中国要以发展的眼光应对环境和气候变化问题：新结构经济学的视角 [J]. 环
境经济研究，2019 (4)：1-7.

[209] 熊航，静峥，展进涛. 不同环境规制政策对中国规模以上工业企业技术创新的影响 [J].
资源科学，2020 (7)：1348-1360.

[210] 陈春明，霍亚馨，谷君. 不同污染程度制造业的空间分布特征与转移趋势 [J]. 经济问
题，2020 (1)：64-69.

[211] 王艳丽，钟奥. 地方政府竞争、环境规制与高耗能产业转移——基于"逐底竞争"和
"污染避难所"假说的联合检验 [J]. 山西财经大学学报，2016 (8)：46-54.

[212] 胡志强，苗长虹. 中国污染产业转移的时空格局及其与污染转移的关系 [J]. 软科学，
2018 (7)：39-43.

[213] 余明桂，范蕊，钟慧洁. 中国产业政策与企业技术创新 [J]. 中国工业经济，2016
(12)：5-22.

[214] 许士春，何正霞. 中国经济增长与环境污染关系的实证分析——来自1990—2005年省级面板数据 [J]. 经济体制改革，2007 (4)：22-26.

[215] 张龙鹏，周立群. 产业转移缩小了区域经济差距吗——来自中国西部地区的经验数据 [J]. 财经科学，2015 (2)：80-88.

[216] 朱承亮. 环境规制下中国火电行业全要素生产率及其影响因素 [J]. 经济与管理评论，2016 (6)：60-70.

[217] 季永宝，豆建民. 污染产业转移的环境效应与效率影响研究 [J]. 南大商学评论，2018 (1)：1-23.

[218] 陆旸. 环境规制影响了污染密集型商品的贸易比较优势吗？[J]. 经济研究，2009 (4)：28-40.

[219] 朱金鹤，王雅莉. 创新补偿抑或遵循成本？污染光环抑或污染天堂？——绿色全要素生产率视角下双假说的门槛效应与空间溢出效应检验 [J]. 科技进步与对策，2018 (20)：46-54.

[220] 关海玲，武祯妮. 地方环境规制与绿色全要素生产率提升——是技术进步还是技术效率变动？[J]. 经济问题，2020 (2)：118-129.

[221] 任胜钢，蒋婷婷，李晓磊，等. 中国环境规制类型对区域生态效率影响的差异化机制研究 [J]. 经济管理，2016 (1)：157-165.

[222] 叶琴，曾刚，戴劭勍，等. 不同环境规制工具对中国节能减排技术创新的影响——基于285个地级市面板数据 [J]. 中国人口·资源与环境，2018 (2)：115-122.

[223] 李虹，邹庆. 环境规制、资源禀赋与城市产业转型研究——基于资源型城市与非资源型城市的对比分析 [J]. 经济研究，2018 (11)：182-198.

[224] 赵细康. 环境保护与产业国际竞争力——理论与实证分析 [M]. 北京：中国社会科学出版社，2003.

[225] 王红梅. 中国环境规制政策工具的比较与选择——基于贝叶斯模型平均（BMA）方法的实证研究 [J]. 中国人口·资源与环境，2016 (9)：132-138.

[226] 尤济红，陈喜强. 区域一体化合作是否导致污染转移——来自长三角城市群扩容的证据 [J]. 中国人口·资源与环境，2019 (6)：118-129.

[227] 曲国华，杨柳，李巧梅，等. 第三方国际环境审计下考虑政府监管与公众监督策略选择的演化博弈研究 [J]. 中国管理科学，2021，29 (4)：225-236.

[228] 刘志永. 转型期地区创新系统中的"双主体"——基于政府与企业家的演化博弈 [J]. 经济问题，2020 (5)：113-122.

[229] 吴洁，车晓静，盛永祥. 基于三方演化博弈的政产学研协同创新机制研究 [J]. 中国管理科学，2019，27 (1)：165-176.

后　记

近年来，随着我国对环境保护的重视程度日益提升，中央及地方政府的环境规制水平不断提高。环境规制政策的实施导致产业空间分布演化，并对相关产业带来一系列创新效应和经济效应。污染的外部性、环境规制政策及产业空间分布演化成为近年来学界关注的重点。本书围绕环境规制、污染外部性与产业空间分布演化这一主题，从"新"新经济地理学、演化经济地理学与新结构经济学协同创新的角度，通过多学科交叉将时空演化联系起来，探究污染外部性、环境规制时空异质性对产业空间分布演化影响的内在机制。

在研究过程中，课题组定期召开专题研讨会，就研究重点和难点进行针对性的讨论，逐步形成了阶段性成果。随着研究的不断深入，课题组从多个角度对研究成果进行完善，最终写就本书。

在本书付梓之际，感恩之情涌动心中。笔者所在的太原科技大学经济与管理学院始终秉承"厚德重行，经世管智"的院训，全院呈现出欣欣向荣的干事创业局面。在本书写作过程中，经济与管理学院领导一直关怀和支持笔者。在此，首先，感谢太原科技大学经济与管理学院院长乔彬教授，本书所依托的研究，从最初课题的申报到最后的细节把控，无不倾注了乔教授的心血与汗水。其次，学院同事给予了笔者许多帮助，能够与这群热爱生活、热爱工作的同事一起成长、一起拼搏、一起努力，是笔者的荣幸，在此向他们表示由衷的感谢！再次，感谢笔者的学生们，感谢研究生武祯妮、董慧君、李燕玲、王玉协助完成结构梳理、课题内容撰写；感谢笔者的本科学生张华玮、赵宇婷、李晶晶协助进行文献检索、资料整理。感谢他们对本书的辛勤付出！最后，感谢笔者的家人，他们始终是笔者努力工作、乐观生活的动力！

谨以此书献给所有帮助和支持过笔者的人！

由于笔者自身的理论水平有限，且研究对象尚处于不断变化发展中，本书中难免存在不足之处，敬请各位专家、学者不吝赐教。